10x
テンエックス

工時減半，
效果乘十！

名鄉根 修 著
駱香雅 譯

SHU NAGONE

How to get
10 times more results
in the same
amount of time

方舟文化

前言

「卯足全力長時間工作，卻看不到成果，也沒有私人時間。」

——獻給就像從前的我一樣的人。

從早到晚忙於工作，事情還是做不完

「哎呀呀，今天早上又這麼多人……。」一邊在心裡嘀咕著，一邊把自己塞進擠滿人的電車……。

「今天又得加班了，不然這次的專案無法如期完成啊……。」電車行進間，懷著憂鬱心情，茫然地望著窗外的風景……。

突然一時興起，拿起智慧型手機搜尋了「提高工作效率的方法」。雖然找到許多相關文章和影片，但即便閱讀了文章、觀看了影片，也無法實際大幅提高現在的工作效率……。

儘管也閱讀過許多有關「如何提高工作生產力」的書籍，但依舊從早到晚工作，抽不出時間陪伴家人，生活絲毫沒有改變……。

雖然一直渴望有朝一日能和家人一起悠閒地外出旅遊，或是過著和年幼的孩子們一起玩耍的生活，但因為把工作擺在第一位，這些願望只能一延再延……。

就這樣，周而復始的日子持續了好幾年。

這些都是我過去的寫照。**如果你每天都很忙碌，卯足全力長時間工作，卻沒有得到預期的成果……，如果你渴望改變這種情況，那麼這本書就是為你而寫的。**

從前的我就是這樣，每天從早到晚埋頭工作，搭著搖搖晃晃的通勤電車，帶著憂鬱的心情度日。然而，日復一日的繁重業務，再加上連周末也得工作，導致身心疲憊不堪。

當然，我也曾努力過不要讓自己陷入身心俱疲的狀態。我和妻子結婚後生了兩個小孩，而且夫妻兩人都要工作，我們會利用工作之餘的時間料理家務、接送小孩上幼兒園、周末帶他們去公園玩耍。

然而，隨著工作量不斷增加，我的空閒時間越來越少，就算周末能休息，也提不起勁做任何事，我陷入憂鬱，躲在房間裡。

那個時候，年僅四歲的兒子走進臥室跟我說：「爸爸，我們來玩吧！」但是，陷入憂鬱狀態的我根本提不起勁，只能拒絕他：「對不起啊，現在不能陪你玩……。」如今回想起來，我覺得自己是一個不及格的父親，當時也因此深陷在自我厭惡的心情之中。

我一方面認為「為了在職場上取得成果，必須比任何人都更努力工作」、「為了守護家人、為了對公司有所貢獻，我必須更加努力」；但另一方面又覺得「希望有更多時間陪伴家人」、「有時真想完全放下工作，好好地休息……」，陷入進退兩難的困境。

在這種情況下，育兒和家務的重擔全落在同樣也要上班的妻子身上，終於妻子對我說：「你每天晚上都弄到這麼晚才回來，就算你賺錢回家，我也不覺得開心」。

對我來說，這句話宛如是妻子的最後通牒。而這句話也成為讓我下定決心改變工作方式的契機。

用同樣的時間產出十倍成果的機制？

從那時起，我開始認真探索是否存在可以實現「取得工作成果的同時，也能珍惜與家人相處時光」的生活型態。

我不斷思索如何實現這種生活型態，結果發現了**「既能從事自己想做的工作，還能取得十倍成果，並且減少工作時間，進而實現美好豐富人生的機制」**。

「做自己想做的工作還能取得十倍成果，根本不可能有這種好事！」
「就算拚命工作，就連比前一年成長一〇%的目標也很難達成。」
「光翻倍都很困難了，如果有這種方法，誰都能輕鬆達成目標吧？」
「減少工作時間還能做出成果？究竟要用什麼方法才能做到？」

我認為就算產生這些問題也無可厚非。假使有這種能夠立刻找到方法的的好事，我也不至於每天從早到晚埋頭工作，把自己操到身心俱疲，陷入憂鬱狀態而躲在房間裡了吧？

但是，我敢很肯定地說。這世上存在著「透過從事自己想做的工作，不但取得十倍成果，還減少了工作時間，進而實現美好豐富人生的機制」。

請試著想像看看。如果花同樣的時間可以獲得十倍成果，你的生活型態會出現怎樣的轉變呢？

假使在相同的時間內，工作成果是以往的十倍，你可以自由運用的時間就會增加，不但經濟情況變得寬裕許多，還可以和生命中重要的人好好吃頓飯，或者去一直想著有朝一日要去的地方旅遊——請試著想像看看這樣的自己。

我在本書當中所介紹的「用同樣時間創造十倍成果的機制」，並不是時下流行的快速技巧，或是「只要有這個，人人都能輕鬆做到的魔法模型」這類暫時性的、流於表面的技術，而是只要學會，就能長久使用的機制。

這個機制可以運用於各種職業類型或狀況，而且再現性高，只要掌握了這個機制，人生將會出現戲劇性的改變。

教導我這個機制的老師，「傳奇策略教練」丹・蘇利文（Dan Suliван），所說的這句至理名言，可做為用同樣時間取得十倍成果的提示。

Our eyes only see and our ears only hear what our brain is looking for.

（我們的眼睛和耳朵只會看見與聽見大腦在尋找的東西。）

——Dan Sullivan　丹・蘇利文

目次

第二章　設立「十倍目標」，跳脫框架，激發有別以往的新想法

10x

第三章　專注於「喜歡」、「擅長」、「有益於他人」、「可產生收益」四項條件

第四章

經營事業比起「怎麼做」，更重要的是「與誰合作」

10x

第五章　建立團隊並將其「系統化」

第六章　讓「10X」成為習慣，實現「豐富人生」

10x

10x

第一章

花費同樣時間，變成十倍成果？

向傳奇策略教練丹・蘇利文學習「10X思維」

為了改變工作方式，決定參加「10X雄心課程」

有什麼方法能夠同時在工作上取得成果，也能擁有時間陪伴家人呢？

自從開始研究這件事情之後，由於大腦具備在不知不覺中將自己有興趣、關注的資訊收集起來的「網狀活化系統」*功能，於是我得知了某項重要資訊。

那就是指導過許多創業家和經營者，被稱為「傳奇策略教練」的丹・蘇利文所共同創辦的策略教練公司（Strategic Coach Inc.）推出的課程「10X雄心課程」（10x Ambition Program），其中所教導的：「在創造十倍成果同時，也增加自由時間的方法」。

這個課程當時一年必須前往位於加拿大多倫多的策略教練總公司上課四次。從東京到多倫多的交通時間，有時搭乘飛機單程要花費至少十二小時，連同參加課程的時間和費用，需要投入相當多的精力。但是，對於下定決心「認真改變工作方式」的自己來說，我確信這是必須上的課程，於是決定參加。

策略教練公司是一間已經成立超過三十年，指導過超過兩萬名創業家和經營者的公司。其中，丹・蘇利文在「10X雄心課程」上所提倡的**「做出十倍成果比兩倍成果簡單」**這個十倍成長思維很吸引人。

至於課程內容，據我事前所理解的範圍，**它不是站在過往的延長線上設立目標，**

＊ 編註：Reticular Activating System, RAP。大腦中的過濾系統，用來挑選進入腦內的資訊。它會區分自己需要和不需要的資訊，並只抓取自己需要的資訊來吸收。

透過長時間工作來取得成果；而是思考如何「達成十倍目標」，發揮創造力，創造出有別於過往的創新方法，在如此取得碩大成果的同時，也增加私人時間。

對我來說，這正符合自己的需求，所以滿懷期待地出發前往多倫多。

實際上做出十倍成果的人們

從成田國際機場飛到多倫多的皮爾遜國際機場，結束了約十二小時的航程，並在多倫多市區的飯店住一晚後，來到我參加「十倍雄心課程」的第一天。

當我抵達會場，也就是策略教練公司的辦公室時，現場已經聚集了許多創業家和經營者，我在櫃檯登記之後收到了課程資料，遂前往上課的教室。

教室內已經有約五十名左右的學員，年齡層落在四十多歲到五十多歲，就男女比例來說，約為七比三，印象中是男性學員比較多。

我利用上課前的時間與幾位參加課程的學員邊喝咖啡邊閒聊，得知了這些來自各領域的創業家和經營者來參加這個課程的目的，皆在於想要將事業擴大十倍，同時增加自由時間。當中也有學員已經參加這個課程超過五年、十年，即使事業已經成長十倍以上並獲得自由時間，仍然持續學習。

創造十倍成果比兩倍成果簡單？

老實說，在學習「10X雄心課程」之前，我的想法一直是：「真的能夠做出十倍成果嗎？要達到十倍成果應該會非常辛苦吧？」

然而課程從一開始就消除了我這個疑慮。因為首先，**大多數人都被「要做出十倍成果很困難」的成見所束縛**。

話雖如此，但當你聽說可以取得十倍成果，一定也會覺得這聽起來是件不得了的事情吧！

畢竟在思考：「如果想取得兩倍的成果該如何？」時，我想大多數人都會認為只要比以前加倍努力，就能取得成果。

我們通常會直接想像，「取得雙倍成果」等於「加倍努力」。因此，「完成雙倍成果」這個積極向上的理想口號，就會被轉變為「必須花雙倍時間工作」這樣的消極印象。

另一方面，只要改為思考：「如果我能夠做出十倍成果呢？」便會引發完全不同的反應。人不可能為了做出十倍成果而把工作時間拉長十倍，所以必須採取有別於「拉長工作時間，以做出成果」的思維。

想要使用「用同樣的時間，取得十倍成果」的機制來工作，就要以既有延長線上沒有的想法為起點，在獲得團隊或他人支援的同時，自己也全力投入喜歡且擅長的事情。採用「十倍成果機制」為基礎的工作方式，你就能透過團隊力量做出碩大成果，與此同時，也能增加自由時間。

本書的日文副書名「用同樣時間產生十倍成果」（同じ時間で10倍の成果を出

す），雖然先假設了「如果花費同樣時間」。但正確來說，即使是做相同的事情，也存在有大幅縮短時間的可能性。

丹・蘇利文所傳授的「創造十倍成果的機制」，在本書當中，我將其稱之為「10X」，「X」這個英文字母有「倍數」的意思，換句話說，「10X」就是「十倍」。

藉由「10X成長機制」，能創造十倍成果、減少工作時數、增加個人的自由時間。（接下來，本書便要介紹以「10X成長機制」為基礎的工作方式，這是我在策略教練公司「10X雄心課程」上學習到的知識。但是，我傳授給各位的是自己精心挑選並付諸實行後，認為特別有效的內容。其中也包含透過我自身經驗，調整過的更易理解、更易實踐的方法。）

「工時越長，成果越好」是錯誤觀念

「你能奮戰二十四小時嗎？」

在學習「10X」機制之前，我總認為工作時間越長，越能提高工作成果，因此為了在工作上取得更多成果，當然必須更加努力。

當我還是小學生的時候（一九八九年），在營養飲品「Regain」的廣告中，有句「你能奮戰二十四小時嗎？」的台詞曾蔚為風潮。當時播放著這支廣告歌曲的日本，正處在工作時間越長、公司業績越好的泡沫經濟時期，象徵一個為了公司、為了薪水，不斷工作的世代。

10x

現在如果對員工採用這種工作方針，可能會被當成黑心企業，恐怕立刻就會演變成社會問題。

不過在當時那個年代，當然還沒有「工作生活平衡／勞逸平衡」（Work-Life Balance）這一類的詞彙，大家對於卯足全力、長時間工作的情況，也都是十分地習以為常。

不過，說句不怕大家誤解的話，我並不認為長時間工作本身是一件壞事。長時間工作是為了實現自己喜歡的事情、自己想做的事情，更是為了在工作上取得成果——可將其視為自己的選擇。

這確實可以理解成：想要取得巨大的成果，就必須花費相當的時間。但是，也有人因為長時間持續工作導致傷害了身心健康、破壞與家人之間的關係，我自己便親身經歷過這種本末倒置的情況。

「勞逸平衡」的極限

話說回來，就「工作生活平衡」的觀點而言，難道工作與個人生活之間就像魚與熊掌不可兼得嗎？

所謂「工作生活平衡」，是指在工作與個人生活之間取得平衡，讓工作與個人生活都很充實的一種工作方式與生活方式。

因為我曾經歷過與妻子兩人工作育兒兩頭燒的經驗，所以我覺得「工作生活平衡」也有其極限。

我和妻子都畢業於海外商業學院並取得ＭＢＡ學歷，具備商業相關知識。雖然在工作上能夠取得相對的成果，但卻無法擁有足夠的個人生活時間。一直面臨著「要不減少工作，要不犧牲個人生活」的課題也是不爭的事實。

所謂「工作生活平衡」，就是在一天二十四小時的範圍內，在工作與個人生活之間取得平衡。因此，通常無法同時將精力百分之百投注在工作上，又想要百分之百享受個人生活，於是在現實情況下，就產生了必須犧牲某一方的難題。

因此，我直觀地認為最合理的觀點就是——透過「10X」機制，在有限的時間裡做出成果、擁有自由時間的生活型態，就是「幸福的工作方式」。

不要貿然投入工作

許多「工作方式」在現實情況中都存在著各種障礙，但透過學習和實踐「10X」機制，不僅可以在自己想做的工作中大展身手，與此同時，還能大幅提高工作的CP值（Cost Performance，或稱成本效益）與TP值（Time Performance，或稱時間效益），獲得更多自由時間。

要實現以「10X」機制為基礎的工作方式，關鍵在於——想要取得巨大成果，接到工作時不是馬上就著手進行，而是先「思考」。

工作與生活之間的平衡

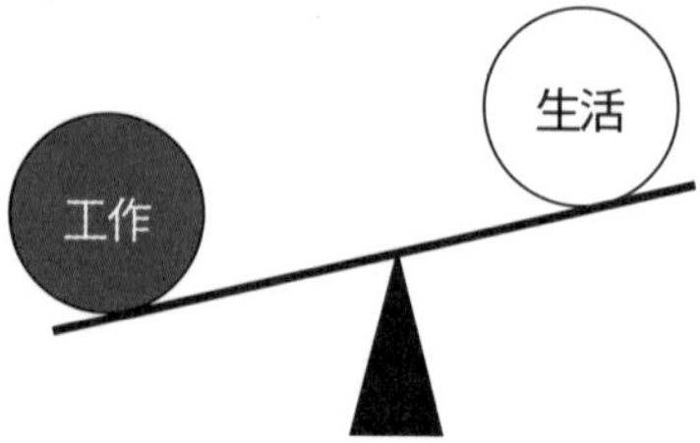

無法在一天二十四小時當中，
取得工作與個人生活的平衡。

以「10X」機制為基礎的工作方式

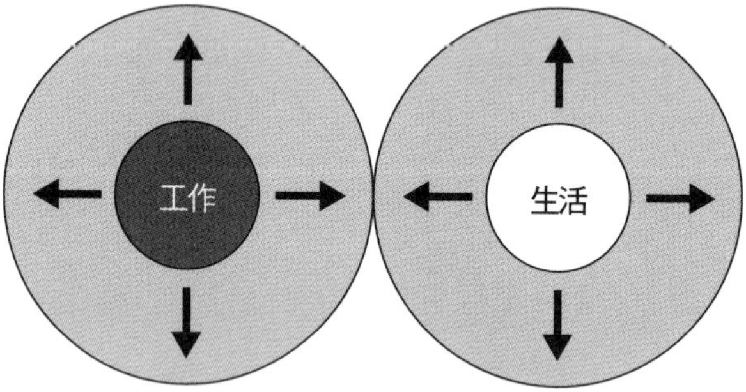

既能在工作上取得十倍成果，
還能夠增加個人的自由時間。

在採取行動之前，要先加入「思考」的過程，問問自己：「除了過往的做法或長時間工作之外，還能怎麼做來達成目標？」

舉例來說，假如你要從東京前往大阪出差，應該不會直接就匆忙趕往大阪吧？你會先思考：是要搭飛機？還是搭新幹線？又或者開車？話說回來，這趟出差非去不可嗎？能否透過線上會議解決，或交由其他人處理呢？

先思考，再行動。「10X」機制就是加入了這種「思考」過程，來大幅改變工作效率的（最終，也有助於讓自己保有個人時間）。

實現「十倍目標」的四個步驟

想要達成「十倍目標」，大致可以根據下四個步驟：

①設立「十倍目標」。

②專注於「喜歡」、「擅長」、「有益於他人」、「可產生收益」四大條件。

③比起「怎麼做」，更重視「與誰合作」。

④建立團隊並且「系統化」。

10x

①設立「十倍目標」

①所指的「十倍目標」並非站在過往的延長線上，例如用「比去年成長一〇％」這類標準來設定目標，而是站在已成長十倍的未來回望現在，以回顧過去般的視角來設定現在的目標。

②專注於「喜歡」、「擅長」、「有益於他人」、「可產生收益」四大條件

想達成「十倍目標」的步驟②，就是專注於「喜歡」、「擅長」、「有益於他人」、「可產生收益」這四個條件。丹・蘇利文將滿足這四個條件的能力，稱之為「**獨特能力**」（Unique Ability）。

所謂的獨特能力是指能讓人懷抱熱情投入工作的能力。在工作中充分運用這項能

力，可以提高工作品質，並讓人覺得自己就像英雄一樣。

You already have everything within you that you need to create an exceptional life.
（你已經擁有創造卓越人生所需的一切。）
——丹・蘇利文

正如上面這句話所說，這是一種運用目前所擁有的獨特能力來實現理想人生的思維方式。

這裡需要注意的是，**「獨特能力」必須同時滿足「喜歡」、「擅長」、「有益於他人」、「可產生收益」這四個條件**。

舉例來說，即便自己「擅長」某件事情，而且既「有益於他人」也能「產生收益」，但如果你「不喜歡」它，就會因為缺乏熱情而難以長期堅持下去。

獨特能力

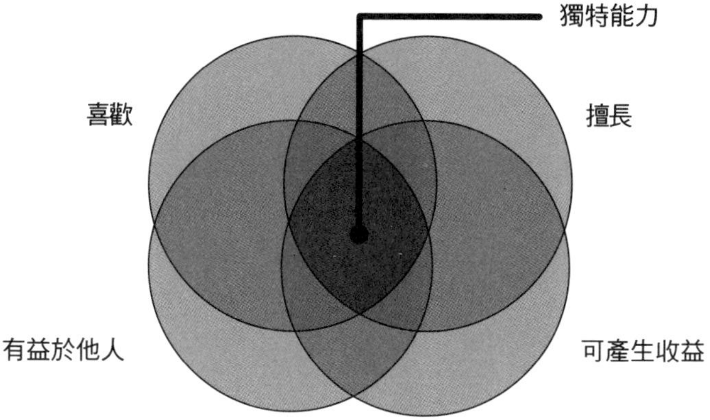

如果不是自己「擅長」的事情：即使滿足其他三項條件，長期從事不擅長的事情也只會降低生產效率。

如果不是「有益於他人」的事情：即使滿足其他三項條件，但不符合社會需求，也很難在商業上取得巨大成果。

而如果未能滿足「可產生收益」這項條件，那麼即使是自己再「喜歡」、「擅長」並且「有益於他人」的事情，也會淪為愛好或志願服務，很難作為可持續下去的工作。

正因為如此，確保自己的工作能同時滿足「喜歡」、「擅長」、「有益於他人」

和「可產生收益」這四項條件至關重要。

順道一提，丹・蘇利文自身的獨特能力是打造新課程、擔任工作坊講師、寫書和教學。

他表示自己熱愛這些工作，並從這些工作中感受到幸福。

由於做的是自己極其「喜歡」的工作，他由衷希望今後也能持續下去。

③比起「怎麼做」，更重視「與誰合作」

到了步驟③，首先要思考的是：「誰能幫助我達成『十倍目標』呢？」

在試圖達成目標或克服挑戰時，很多人會思考「怎麼做」。

無論是想要親自掌控一切的人，還是認為自己做會更快更好的人，比起將事情交給他人處理，許多人都更傾向於思考自己「該怎麼做」。

然而，在「10X」機制中，比起「怎麼做」，我們更重視「與誰合作」。

當你在第二步驟中意識到自己的獨特能力後，就應該要去思考，那些自己「不喜歡」或「不擅長」的事情，有「誰」是既喜歡又擅長的。

因為這些自己既「不喜歡」也「不擅長」的事情，在其他人手上能夠做出更好的成果。

與此同時，你便可以將時間投入在自己「喜歡」且「擅長」的事情上。

當你和這項工作的相關人士都發揮了各自的獨特能力，在自己「喜歡」且「擅長」的領域中，致力於「有益於他人」的工作時，不僅能獲得他人的感謝，也會產生積極正向的能量。

不斷努力工作，自然能夠獲得比以前更好的成果。但是，單靠自己一個人長時間工作，終究是有其極限的。

為了超越一個人力所能及的極限，我們必須思考有哪些人能提供自己必要的觀點、資源和能力，藉由和那些人一起工作，達成更大的目標——這是靠自己單打獨鬥無法達成的境界。

這種思維方式不僅適用於擔任領導者或管理者職位的人，也適用於所有人。

④建立團隊並「系統化」

在步驟③思考了為實現「十倍目標」所需的「關鍵人物」之後，接下來的步驟就是與這些人建立團隊並將之「系統化」。

「10X」機制是以「單憑個人能力不可能達成十倍目標」的想法為前提的。丹・蘇利文在他所創立的策略教練公司中，從不稱呼一起工作的人為「員工」，而是稱他們為「團隊成員」。

在該公司中，每位團隊成員都有自己的目標，並在各自的工作中發揮著自身的獨特能力。他們不需要那些不假思索就能完成的工作，或是那些日復一日重複同樣事項的工作。他們需要的是充滿創造力和熱情的工作，因為這些工作能夠加速團隊和個人的成長。

團隊成員不僅包括公司內一起工作的同事，也包含參與專案的外部人員。他們超越了公司內外的界限，與所有團隊成員一起努力達成「十倍目標」。

接下來，為了達成「十倍目標」，就要為專案描繪「願景」。將朝向「十倍目標」的這個規模宏大、令人興奮的「願景」分享給團隊成員，至關重要。

因為想要達成靠單打獨鬥難以實現的「十倍目標」，就必須仰賴團隊成員充分發揮各自的獨特能力並通力合作。

要與團隊成員分享的內容，包括：為了實現「十倍目標」的專案目的、重要性、理想的結果和成功標準等等。

更重要的是，這個專案得是你和團隊成員打從心底想要一起完成的目標。

如此一來，你就能清晰地向參與項目的團隊成員傳達你的願景，而他們也會對這個願景產生共鳴，激發出團隊一起實現「十倍目標」的熱情。

在這個階段，還不需要分享專案的具體細節。

你可以使用一張清楚敘述的計劃表（project sheet）來傳達願景（稍後章節會詳細說明）。

如此一來，團隊成員就能準確無誤地理解你的願景，避免認知上的偏差。

向團隊成員分享願景後，接下來就要決定達成「十倍目標」的期限、未來一年內要達成的目標，以及每位團隊成員的職責。

透過建立團隊，將「執行者」、「執行內容」和「執行方法」落實到具體層面，便是所謂的「系統化」。

專案以三個月為一個週期，團隊成員將齊心協力朝著實現目標而努力。

在「10X」機制中，相當重視這個「九十天」的週期。

九十天相當於三個月，也就是一個季度、一年中的四分之一。

只要以「九十天」為時間單位來執行專案，並透過回顧和改進，便可以獲得一些成效。

團隊在「九十天」內全心全意地投入專案，不僅可以取得卓越的結果，也能從這些成功經驗中獲得自信。

相反地，就算有不順利的地方，只要改善這些問題，也能在接下來的九十天內開闢出新的道路。

第二章 10x

設立「十倍目標」，跳脫框架，激發有別以往的新想法

小杯子能盛裝的水量有限

是什麼創造出「小杯子」？

在說明透過「10X」機制設定十倍目標的方法之前，讓我們先來做一下頭腦體操吧！

我們知道，可以倒入一個容器內的水量通常是有限的。水桶內能倒入多少水取決於它的容量；同樣地，能倒入小杯子內的水量也是如此。這個道理同時適用於工作和人生。如果將目標比喻成容器，不管多麼努力，也無法在小杯子中倒入超過其容量的水，超過杯子容量的水都會從杯子裡溢出來。

10x

那麼，究竟是什麼創造出了「小杯子」（目標）呢？

答案是你的**「思維」**。**杯子能容納多少水量不是因為你能力、時間或資源有限，而是你的思維受到了限制。**

如果你準備的不是小小的杯子（目標），而是有十倍容量的大杯子，那麼你能倒入杯中的水量（成果）就將會是原來的十倍。從這個杯子的比喻，應該不難理解透過「10X」機制來設定目標，為何能產出十倍的成果吧！

或許你認為這個比喻只是聽起來理所當然，但我自己確實曾切身感受過把目標設定成「小杯子」的情況。

許多公司都會設定一年的目標。在過去，身為經營者的我都是以過往的業績為基礎，來設定隔年目標的。

也就是說，如果去年的成長幅度是一〇％，那麼今年的目標就會以「再增加一〇％」為基礎進行討論。由於還會考量到當年的市場環境、競爭對手動向、新產品的問世、市場趨勢等因素，最終也可能會決定將業績目標設定為增加一五％。儘管每次的目標數字或增或減有所浮動，但我在設定目標時，大致上都是採用這種方式。

我個人在設定目標時，長期以來都是使用這類「以過去為基礎再加以延伸」的方法，所以丹・蘇利文所提出的「設定十倍目標的方法」，對我來說是一個完全不曾想像過的未知世界。

若具備從未來回顧過去的觀點，思維也會隨之改變

那麼，如何設定「十倍目標」呢？

在策略教練公司的「十倍雄心課程」中，一開始就進行了「設定十倍目標的訓練」。這是因為就算說要「設定十倍目標」，但一下子要求學員想像「十倍目標」，本身就是一件困難的事。

起初參加訓練時，我也是如此。

「這麼巨大的目標，怎麼可能做得到？」

「什麼設定十倍目標，不就只是淪為紙上談兵嗎？」

「這個目標規模太大了，沒有人會跟隨我吧！」

其實會這麼想很正常。但是，在設定「十倍目標」時，請試著改變想法——首先，別去思考「無法達成的理由」或「如何才能實現十倍目標」，**先試著想像一下「達成十倍目標的未來」**。

請想像在毫無限制的情況下，透過真心想做的事和渴望實現的目標，順利達成「十倍目標」的情景吧！在這個想像畫面中，你身處何處？在做什麼？身邊有哪些人？誰會因為你達成「十倍目標」而感到高興？

接著，只要實行接下來介紹的「設定十倍目標的訓練」，你將不再被延伸過往基礎的線性思維局限，而是能從理想未來反推，設定「十倍目標」。

「10X」訓練著眼於已達成目標的「未來」，而非關注「現在」

由傳奇教練傳授的目標設定方法「10x Mind Expander」

透過「10X」機制設定「十倍目標」的思維方法之一就是「10x Mind Expander」（十倍思維躍進法）。這是丹・蘇利文為了幫助客戶實現「十倍目標」而設計的教練指導技巧。

所謂的「教練指導」（Coaching）是指透過不斷對話，來協助客戶獲得達成目標所需的技能、知識和思維方式，並促使他們採取行動的過程。

在策略教練公司的「十倍雄心課程」中，靈活地運用了教練指導做為達成目標的方法，透過傾聽參與學員的發言、觀察、提問，有時還會提出建議，引導出對方內心的答案。

「十倍思維躍進法」也可說是達成「十倍目標」的心態（Mindset）。

首先，要有明確的目標，並決定自己想要達成的「十倍目標」之具體數字。

設定「十倍目標」的方法本身其實非常簡單。假設現在設定的目標是比前一年增長一〇％或翻倍，本來你或許會思考在現有基礎上更加努力或拉長工作時間吧？但如果設定了「十倍目標」，你就會開始嘗試以「更加努力、加長工時」之外的方法來達成目標。其中或許也存在著不用犧牲私人時間或人際關係的方法。

換言之，**設定「十倍目標」這件事本身，即可使一個人的視野發生戲劇性變化**。

接著，再想像自己處於已經達成「十倍目標」的未來。

然後，就像回顧過去一樣，由身處未來（想像中）的自己，向現在的自己提問。

「我是如何達成『十倍目標』的呢？」

「我達成『十倍目標』後，對社會產生了什麼影響？」

「除了過去已採取過的行動，我為了達成『十倍目標』，之後還做了哪些事？」

「達成『十倍目標』的團隊大約是怎樣的規模？」

「我將哪些工作交給團隊處理？」

「人際關係是否有所變化？」

「運用了哪些新技術？」

「獲得了怎樣的人脈資源？」

就像這樣，藉由從達成「十倍目標」的未來回顧過去，你便能脫離既有框架和做法，以創造性的角度進行思考。

我們無法實現大腦不能想像的事情。反過來說，**只要是能夠想像的事情就有可能實現**。如果想要創造非凡的結果，你必須先在腦中想像出非凡的結果。

許多人一開始思考「十倍目標」時，往往會因為這些非比尋常的目標而陷入思維停滯。正因為如此，當你能夠想像出實現了「十倍目標」的未來，就代表你已經具備了實現目標的心態。

和孩提時代相比，每個人都有「達成十倍成果的經驗」

「十倍」絕對不是一個遙不可及的目標。**比起童年時期的自己，所有成年人都擁有在某方面達成十倍成果的經驗。**

舉例來說，和童年時比起來，「詞彙量和知識量增加了十倍」、「能夠舉起比過去重十倍的物品」、「學會騎自行車、駕駛汽車、乘坐火車或飛機，移動距離遠遠超出過去的十倍」等等，這些都算是吧？

童年時期的你，或許無法想像自己能在未來創造出十倍成果，但事實上每個人都曾在某些方面達成如此成就。

就拿我來說吧，我小學的時候，家裡幫我買了第一輛自行車，它讓我的活動範圍一下子就擴大了許多。

那輛自行車有六段變速、黃色的車頭燈和可以放置心愛物品的置物籃，在我眼中閃閃發光，我到現在還記得自己興奮得跳起來的情景。有了那輛自行車之後，我得以暢行無阻地前往那些原本步行無法抵達的地方。

之後，我又開始乘坐電車、汽車和飛機，移動範圍擴大了何止十倍。相信你應該也有過類似的經歷。

偶爾也有人會問我：「為什麼是十倍，不是百倍或千倍？」答案可能是因為多數人過去都沒有實際體驗過成長百倍或千倍的感覺，所以很難把百倍或千倍視為目標。

但如果是「十倍」的話，每個人都曾有過比過去進步十倍的經驗。過去達成十倍成就的經驗，將成為今後再次實現十倍目標的基礎。

設定「十倍目標」時，不可或缺之事

10x

以未來思維去做「想做的事」

「你正在做自己真心想做的事情嗎？」

如果有人這樣問，你會怎麼回答呢？比起「自己真正想做的事」，大多數人都是在做「應該做的事」，不是嗎？

「今天之內一定要完成這件事。」

「因為必須在下週一上台報告前準備好資料，所以週末得加班整理資料，否則就會開天窗了。」

「這個月內必須和那個人開會討論那件事。」

就像這樣，在尚未學習「10X」機制之前，我的生活也是日復一日做著「應該做的事」。但是，如果每天總是被「應該做的事」追著跑，生活會變得很辛苦，內心也疲憊不堪。

我們生活在由過去、現在、未來所構成的時間感之中。雖然在生活中時間感的占比因人而異，但大多數人的時間觀都是以過去為基礎的。

隨著年齡增長，我們會基於過去的思維，開始不斷重複自己學到的知識、經歷和已達成的事情。比起嘗試自己從未曾經歷過的新事物，人更傾向於根據過去的經驗來做「應該做的事」。

然而，相較於以過去為基礎的思維，有一種思維方式能使你的人生更加豐富。

那就是**以未來思維去做你真正想做的事**。不過，在運用未來思維時，有一件重要的事情——

「我做自己想做的事，是因為我想做。」

除此之外沒有其他理由。

事實上，在設定「十倍目標」時，絕對不可缺少的一個要件就是**「做自己真正想做的事」**。

包括過去的我在內，許多人都是生活在「應做之事」的世界裡，只有極少數人是活在追求自己「想做之事」的世界。

那些生活在「應做之事」世界裡的人，當需求得到滿足後，成長就會停滯不前；而生活在追求「想做之事」世界裡的人，則不會停下成長的腳步，他們的成長將永無止境。

達成「十倍目標」的人都有一個共通點，那就是——以未來思維在做自己真正想做的事。

「該做的事」和「想做的事」的差異

「該做的事」和「想做的事」之間，有很大的差異。

面對「該做的事」時，你是基於外部因素而採取行動，例如：獎勵、懲罰或需求。在這種情況下，所有的標準和判定都掌握在他人手上。

另一方面，**「想做的事」則是百分之百源於內心的渴望。因此，所有的標準和評價都是由自己決定，可以自己掌控**。

生活在「應做之事」世界裡的人，其實是生活在一個填補匱乏感的世界。他們認為世界上的機會、金錢、時間和地位等等並非取之不盡、用之不竭，而且必須要跟這個世界上的其他人競爭才能搶得到。

相對於此，生活在「想做之事」世界裡的人則是活在豐盛富足的世界之中。他們不與別人競爭，而是透過「想做的事」來追求自由。相信自己實現自由的能力沒有任何限制。

許多人都在不知不覺中將「該做的事」視為理所當然。成年進入社會、踏入職場之後，這種情況更是明顯。

實際上，我們在工作中也時常遇到不能只做「想做的事」，也必須做「該做的事」，否則就無法如期完成作業的情況。

再說，如果完全都不做「應該做的事」，那就無法稱之為工作了吧？我一開始也抱持著相同的想法，所以深有體會（關於如何優先處理「想做的事」，稍後會再詳細說明）。

過去的我每天處理的工作就全部都是「該做的事」。我總是從查看電子郵件展開一天的工作，所以每天第一件「該做的事」，就是儘快回覆收到的電子郵件。

確認郵件內容和回覆郵件需要花費很多時間，除此之外，還需要準備有截止日期的資料、製作報價單、採購訂單、請款單……，也要確認文件內容、審閱合約書、統計銷售數據等等。即使要說我一天之中有大部分的工作，都在處理「該做的事」也並不為過。如此繁多「該做的事」所造成的壓力，總是讓我感到煩躁不安。

一開始聽到「用未來思維去做自己想做的事」時，你可能對這句話沒有什麼概念。這種情況就像問魚缸裡的魚：「你想去離開水，去外面的世界嗎？」畢竟對魚來說，生活在魚缸裡是理所當然的，所以牠們無法理解這個問題的意義。

然而，其實你我都曾經生活在「想做之事」的世界裡。那就是當我們還是孩子的時候。

我出生在自然環境豐富的岩手縣，也在那裡成長。小時候，我最喜歡做的事情就是帶著好奇心到戶外捉昆蟲，或者和朋友們一起去從未去過的地方，像在探險一樣。那時候的我只是單純地做著自己想做的事，再沒有其他理由。

長大成人後的現在，在我參與經營管理的醫療領域相關公司中，我依然能夠做自己「想做的事」。我和團隊成員常常就像在探險一樣，去參觀海外展覽、拜訪往來廠商、尋找最新的醫療設備，彷彿尋寶一般地樂在其中。

你小時候最喜歡做的事情是什麼呢？

為了讓自己從「該做的事」切換到「想做的事」，作為變換的契機之一，我建議可以回想一下自己兒時喜愛的事物，並將當時的心境與現在的自己連結起來。

為了設定突破現狀的目標，希望你事先了解的事情

「回歸現狀的力量」之作用

你是否有過以下的經驗？

- 差點就要遲到，好在最後一刻勉強趕上了。雖然當時心想「啊，好險喔！下次一定要更早出門才行」，但五分鐘後就忘得一乾二淨。
- 本來平常都是七點起床。因為閱讀了一本書，內容提到早起能夠改變人生，於是心想：「這個人早上五點就起床啊，那我也五點起床吧！」雖然興致勃勃地

10x

打算從隔天早上開始就五點起床，但結果卻是三天打魚、兩天晒網。

・儘管在年初時許下新年新希望，目標「讓今年與往年不同，成為大幅成長、更加活躍的一年」，但在不知不覺間就忘記這個目標了。

這些現象都是「舒適圈的力量」在作祟，試圖將人恢復原狀。「Comfort」這個英文單字的意思是「舒適的」，而「Zone」則是「範圍」的意思。所謂的「舒適圈」（Comfort Zone）是指「希望保持原樣」、「維持現狀就好」，並處在能讓人安心行動的範圍內。這是人類為了保護生命而具備的機能之一。

舉例來說，前往氣溫直逼攝氏五十度的炎熱沙漠時，如果平常維持在三十六度左右的體溫突然飆高到五十度，我們恐怕就無法存活；反過來，身處在攝氏零下的冰天雪地時，一旦體溫降到零度以下，同樣也無法存活。為了避免發生這樣的情況，人類具備了維持固定體溫的機能，以保護自己的生命。

因此，當我們離開「舒適圈」，試圖將我們拉回舒適圈的機能就會發揮作用。這個機能稱為「體內恆定」（Homeostasis，又稱體內平衡）。傷口癒合也是體內恆定的作用。這股強大的力量，不僅在生理上發揮作用，也能在心理上發揮作用。**當人想要「有所改變」時，舒適圈反而會成為一道阻力。**

實際上，在我自己嘗試採納「10 X」機制時，體內恆定機能也發揮了作用。

當年我在多倫多完成「十倍雄心課程」、回到日本之後，懷抱著「我要實現十倍目標！」的雄心壯志，試圖採用了不同於以往的方法，想發揮自己的獨特能力，與團隊一起創造更豐碩的成果。但就在我意氣風發地投入工作後，出現以下情況——

我回到東京的辦公室工作了一段時間後，心裡開始覺得：「其實根本沒必要追求什麼成長十倍的宏偉目標吧？」、「只要一如既往，按部就班地工作就不會引起什麼風波；但如果提出了十倍目標什麼的，豈不是會變得很麻煩嗎……？」出現這種情況，就代表舒適圈的力量開始發揮作用了。

就像當時的我一樣，由於身旁大多數人在工作時都是根據過往的基礎，也就是

「待在舒適圈內」的狀態，因此會出現這種情況也是很自然的。

就算有了想要改變的念頭，人類或多或少都會接著啟動不想改變的機能，在這個機能的作用下，我們會想要回到舒適圈，回到原本熟悉的環境和既有的價值觀裡。

為了打破現狀，需要移動「舒適圈」

那麼，該怎麼做才好呢？答案是**將原本停留在現狀的舒適圈，移動到自己設定的未來目標上**。

這樣一來，就能防止心生動搖、回到舒適圈，改變原本想要回到現狀的心態，轉而對自己真正想要實現的目標產生動力。

換句話說，我們並非強迫自己一下子提高工作動力來達成「十倍目標」，而是選擇改變舒適圈的位置。

人無法同時擁有兩個舒適圈。如此一來，在設定目標時，舒適圈應該朝著哪個方向移動——是停留在現況範圍內呢？還是朝向範圍外的目標呢？答案就是：將舒適圈轉移到你能夠更真實想像，而且感受更強烈的地方。

舉例來說，當你為了減肥，將「體重減輕十公斤」這個數值當成目標時，你要可以想像瘦身之後展開的新生活方式。

如果能夠想像自己穿著漂亮衣服、自信地在街頭漫步，或者有一段新的邂逅等等，對於目標世界的想像畫面就會變得更加清晰、更具有臨場感，而你的大腦也會判斷那個達成目標後的世界才是真正的舒適圈。

這樣一來，當前的狀態反而會變得不再舒適，自然而然就會促使人改變行動，並且不會出現反彈現象。「十倍目標」也是同樣的道理，隨著想像實現目標時的情景，會將舒適愉悅的感覺深深烙印在腦海中。

在我參與經營管理的醫療領域相關公司當中，有一項與產品開發有關的業務，而我針對它所設定的「十倍目標」之一，就是將這項產品開發相關業務的營業額「提高為十倍」。

在過去七年間，這項業務一直呈現持平狀態，營收規模大約維持在五千萬日圓左右。而我下定決心一舉將目標提高至原來的十倍，也就是設定為五億日圓。

在這個時候，我暫時不會去思考「無法達成的理由」，而是根據「十倍思維躍進法」設定目標的方式，想像達成「十倍目標」的未來景象。

透過這個方式轉移舒適圈，我們不再只是沿著既有路線持續開發，而是突破醫療器材的框架，找到了有可能讓營收成長十倍的技術和產品開發方向。結果，營業額也真的升至原來的十倍（具體案例詳見第六章）。

10x

為了掌握「10X」機制，需要捨棄的九件事

挑戰「十倍目標」時，感到不安是很正常的

「自己真的能做到嗎？」

誠如前述，在剛開始學習和實踐「10X」機制的階段，舒適圈的力量會讓人試圖回到原來的狀態。**因為正在面對前所未有的新挑戰，難免令人感到不安。**

我也曾有過同樣的心境，信心動搖想要回到舒適圈。

「與其追求達成十倍目標的未來，不如繼續按照以前的方法做事，這樣不只更輕鬆，而且還更有把握吧？」我這種心情一天比一天強烈。

然而，我仍認為透過「10X」四步驟來實現「十倍目標」，對自己、團隊成員、客戶以及合作夥伴而言都是更好的選擇。

此外，當我直接與運用「10X」實現十倍目標的人們接觸後，我也懷抱起了能夠實現目標的希望。

不安，是對未來的恐懼。

希望，是對未來的期待。

無論是不安還是希望，都是思考未來時所產生的感受，而非當下。

面對這種不安與希望交織的情況，在挑戰實現「十倍目標」的四個步驟時，對我頗有幫助的方法，就是在策略教練公司學到的「為了掌握10X需要捨棄的九件事」。

為了實現更遠大的理想未來，需要捨棄的九件事

正如所見，**實踐「10X」機制也意味著要捨棄過往的思維方式**。

為了達成「十倍目標」，專注於你的獨特能力並與團隊合作——這可能與你一直以來的做法大相逕庭。

然而，為了實現更遠大的理想未來，請鼓起勇氣，勇敢地放下過去一直沿用的做法和思維方式。以下是「需要捨棄的九件事」：

1 以過往為基礎的線性思維。

2 滿足於小幅成長的標準。

3 否定未來十倍成長的思維。

4 對於成長持否定態度的人際關係。

5 覺得差不多該穩定下來的思維。

⑥將自己的成功或失敗歸責於他人的思維。

⑦可以獨自一人實現十倍成果的想法。

⑧想要實現遠大未來，需要有勇氣去面對伴隨而來的恐懼和不安。所以要捨棄「希望不需要勇氣就能實現遠大未來」的思維。

⑨認為必須獲得回報的思維。（像「10X」這類指數型成長的過程，並不是從對方手上爭奪，而是互相給予、持續成長的雙贏關係）。

在掌握和實踐「10X」的過程中，你可能也會感到不安和恐懼，但請鼓起勇氣捨棄上述九件事。

丹・蘇利文的策略教練公司也放下了這九件事，結果到目前為止，這間公司已經成功達成三次「十倍目標」。

據說目前策略教練公司推出的新課程，單日工作坊營業額已經超過公司成立第二年的全年營收。

策略教練公司從以前就開始舉辦工作坊，目前也依然在舉辦著工作坊，若要說起「10X」帶來什麼改變，那就是專注於獨特能力，並且導入了團隊合作和科技。

丹・蘇利文目前七十九歲，但他明確表示：「即使到了九十五歲也要繼續擔任工作坊的講師。」儘管擔任工作坊的講師已超過四十年，他依舊熱愛這份工作，並表示除了專注於獨特能力的工作之外，他無法想像自己從事其他工作。

透過「10X」機制，不僅可以實現指數型成長，同時也可能實現永續發展的工作方式。

獲得「十倍成長思維」所需的提問

為了達成「十倍目標」的思考

先前曾經提到，在設定「十倍目標」的時候，並非沿襲既有做法，拉長工時努力工作，而是思考過去從未嘗試過的創新方法。雖說如此，但要從零開始構思創新的方法並不是一件容易的事，因此，接下來我將介紹幾個提問，它有助於你獲得「達成十倍目標」的思維。

「想要達成『十倍目標』，可以運用哪些新科技？」

10x

善用新興技術，而不再只是延續過去的做法，或許可以成為實現「十倍目標」的契機。像是谷歌（Google）的應用程式，或是ChatGPT這類生成式AI等科技皆日新月異，如果能善加利用，可以將生產效率提升十倍以上。這些新科技將有助於達成更遠大的目標。

「想要達成『十倍目標』，可以推動哪些合作？」

為了獲得豐碩的成果，我們可以建立合作關係或夥伴關係，進而產生加乘作用（Synergy）。無論是對個人，還是對公司來說都是如此。

就個人而言，為了實現目標，可以思考自己「不喜歡」或「不擅長」的事情，並且想想是否有其他人正好「喜歡」且「擅長」這些事情？如果有適合的人選，請思考能否邀請對方加入團隊，並將工作交給對方處理。

就公司而言，可以將「喜歡」且「擅長」的員工組成團隊，以此團隊來執行公司內部的專案計畫，如果公司裡沒有適合的人才，則可以考慮招募新人或委外處理。也可以將自家公司擅長的領域和其他公司擅長的領域相結合，雙方合作，進而產生加乘效應。

「想要實現『十倍目標』，需要建立什麼樣的機制？」

單憑一己之力實現「十倍目標」是極其困難的。正因為是以「團隊」形式、集眾人之力投入工作，才有可能實現「十倍目標」。

要明確界定團隊成員的角色和責任範圍——與其每次皆需仰賴他人指導，不如製作業務手冊，建立能提高生產效率的機制；或者充分運用檢核表，讓每位成員在不依賴他人的情況下也能產出相同成果；抑或使用數位工具等方式實現自動化流程。

「想要達成『十倍目標』，有哪些成功案例可供參考？」

這個問題可以幫助你發掘以前從未嘗試過的想法或方法。你可以在網路上搜尋文章和影片，閱讀文獻、書籍並進行研究，或是向該領域的專家尋求建議。

你也可以尋找不同產業的成功案例，或在不同地區或不同國家尋找相同領域的成功案例，研究看看是否有值得借鑒的成功經驗。相較於從零開始用自己的方式摸索嘗試，這些方法能夠提高成功的機率。

「想要達成『十倍目標』會面臨哪些課題？」

前一個問題是從成功案例中學習的「聚焦法」，相對地，這個問題則是側重於「哪裡有不足之處？」、「為什麼進展不順利？」的「訴求法」（尋找缺點並思考如何改進）。

「聚焦法」和「訴求法」是由指導「命中率百分之百」的巨匠——伊吹卓所提出的創意構思法。由於運用「聚焦法」和「訴求法」會得到不同的答案，所以請選擇能讓成果更加豐碩的方法使用。

「想要達成『十倍目標』，應該滿足哪些市場或客戶的需求？」

在瞬息萬變的世界裡，這個問題也有助於達成「十倍目標」。因為隨著社會潮流的變遷，市場和顧客需求也會隨之改變。

當然也有其他助於啟發達成「十倍目標」的問題，以上僅是我挑選出來，效果特別好的幾個。

這些問題可以刺激你思考，引導出新想法和觀點。透過向自己提問，你可以尋找有創意的解決方案和創新的方法，進而提高達成「十倍目標」的可能性。

達成「十倍目標」需要多久時間？

比起「十倍目標」，更讓人感到「恐懼」的是截止期限

在設定「十倍目標」時，經常有人會詢問：「應該如何設定達成『十倍目標』的期限？」

要回答這個問題，需要切換成「10X」機制的思維方式，接下來我將介紹如何轉換思維。

聽說初次參加「十倍雄心課程」的人，在設定「十倍目標」時容易覺得恐懼。我

10x

自己也有同樣的感受。因為你會覺得**達成「十倍目標」似乎是不可能的任務**。

以我原本的情況來說，一直以來我都是根據「目標達成與否」來評價工作成果的，而這正是特別令我感到「恐懼」的原因。

因為抱持著這種想法，所以即使相較於前一年已經有所成長，我依舊認定「只有達成目標才算成功，未達成目標就是失敗」。

舉例來說，即使業績比前一年成長了一・五倍，但如果你一心只覺得很可能無法達成原先設定的十倍目標，那麼擔心失敗的「恐懼」仍會油然而生。

然而，在掌握了「10X」機制後，現在的我已經明白真正重要的是「成長率」，而不是按照前述那些基準來評斷目標是否達成。

假設你設定了「十倍目標」，一年後的成果雖未能達標，但成長率比前一年更高，這樣的成果能稱為失敗嗎？換句話說，**重要的是達成「十倍目標」的過程**。

再者，我也從丹・蘇利文的教導中學到：**「沒有無法達成的目標，只有無法達成**

的期限。」

你在思考如何達成「十倍目標」時，是否也同時考量到完成的期限呢？是的，讓人感到恐懼的因素不是「十倍目標」，而是**「截止日期（期限）」**。

假如給你二十五年的時間來實現「十倍目標」，你會怎樣想呢？你還會覺得這個目標無法達成嗎？抑或是認為二十五年已經足以實現「十倍目標」了？那如果是十五年呢？與二十五年比起來，又縮短了十年的時間。

原本你可能覺得「不可能達成十倍目標的原因在於沒有足夠的時間」，但若以二十五年為期限來思考這個問題，想法很可能就會轉變成**「有這麼充裕的時間，應該能達成目標」**了。

如此觀點轉換下，「十倍目標」就變成了切實可行的目標，不僅對你個人，對你的團隊成員來說亦是。

儘管你和團隊成員不可能在工作上投入十倍的時間、付出十倍的努力，但如果以二十五年為期限來思考實現「十倍目標」這件事，你和團隊成員就能充分發揮獨特能力，朝著目標穩步前進。

當然，很多人認為沒必要去考慮二十五年後的將來。因為如此遙遠的未來充滿了未知的變數，況且他們也認為要達成現在的目標不必花費長達二十五年的時間。

然而，一旦將完成期限設定為二十五年，絕大多數的事情便無法再以「沒有足夠時間」為藉口了。

請想像一下，從今天開始你的事業或公司將以二十五年為時間軸持續成長，並在第二十五年達到最大值。而在這條成長曲線上，你的事業或公司會在什麼時間點達成「十倍目標」呢？

上述時間點將成為實現「十倍目標」的最後期限。確定這個關鍵點後，你的大腦便會試圖找出更快速、更輕鬆達成「十倍目標」的方法。

以二十五年為時間軸進行思考，將促使你轉換以下四個觀點：

1 擺脫時間壓力

當時間不足時，不管是誰都會感到壓力和焦慮。如果將期限設定為二十五年，因為擁有充裕的時間可以達成目標，自然就能從壓力和焦慮中解脫出來，也能充滿自信朝著目標邁進。

2 可以盡全力達成目標

由於設定了二十五年的時間範圍，所以能從容不迫地致力於實現目標。在日積月累的行動中，能實際感受到工作進展和自身成長。也可以從自己與周遭人的人際關係，以及實現重大目標的承諾中，感受其價值和意義。

3 可以事半功倍

若能在沒有時間壓力和焦慮不安的情況下，與充分發揮獨特能力的團隊成員朝著共同目標一起努力，就可以用更少的精力來達成巨大成果。全體團隊成員都在工作中成長並樂在其中。

④ 變得更有野心

「野心勃勃」是促使人類不斷成長的能力之一。以二十五年的時間軸來思考，可以消除「時間不足所以可能做不到」的心理限制。進而提高工作動力，帶著充沛的能量鼓舞團隊成員，一起為實現目標而努力。

「10X」的思維方式並不是要求一個人長時間埋首工作，或在短時間內勉強自己超負荷工作去達成「十倍目標」。而是設定一個合理的時間範圍，讓團隊透過創造性解決方案和創新方法來實現「十倍目標」。

坦白說，並不一定需要花上二十五年的時間才能達成「十倍目標」。實際上，根據目標的不同，很可能在五年、三年，甚至一年內，就更快速、更輕鬆地實現了「十倍目標」。

換句話說，這裡設定的「二十五年」時間軸，充其量只是一個暫定的期間，用以讓「時間」無法再被拿來當成做不到的藉口。如此一來，心理層面的阻力也能隨著這樣的設定而徹底被消除。

達成「十倍目標」的期限由自己決定。可能是一年後、三年後或五年後等等，期限的長短因人而異。設定好期限之後，接著再來制定實現該目標的計畫吧！

啟動「4C」循環

實現「10X突破」的方法

在「十倍雄心課程」中，丹・蘇利文將實現突破的循環歸納為以下四個C，並稱之為「4C公式」：

1. Commitment（決心）
2. Courage（勇氣）
3. Capability（能力）
4. Confidence（自信）

10x

4C公式

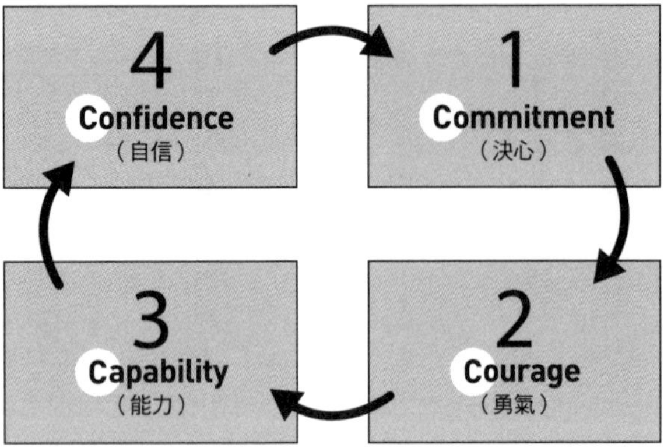

我們要按照以上順序逐步進入每個階段，進而實現突破。

當人在挑戰新事物的時候，首要任務就是下定**「決心」**。「決心」是「4C公式」中最重要的第一階段。

想下定決心實現「十倍目標」，必須具備想要達成該目標的強烈渴望和明確意志。即使不確定自己能否達成目標，但「10X」的第一步就是在於這份「決心」。

當我們下定決心實現遠大的目標時，難免會感到恐懼和不安。想要克服恐懼，**「勇氣」**是必要條件。當我們受到誘惑驅使，想要拖延已經做好決定的事情時，此刻至關重要的便是鼓起「勇氣」迎接挑戰，朝著實現既定目標前進。

拖延的人因感到恐懼、不安而停滯不前，無法採取行動；但有「勇氣」的人，即使恐懼或不安，仍會採取行動向前邁進。

鼓起「勇氣」面對挑戰的人，在不斷累積失敗和成功經驗的同時，也在從經驗中學習並實現突破。當我們走出原有的舒適圈並且接受挑戰，就有可能為自己培養出新的**「能力」**。

具備「能力」之後，**「信心」**也會油然而生。在執行「4C」循環的過程中，我們會因為擁有更好的「能力」而建立起「信心」。

這個「四C」是依循著順時針方向循環的，當進入第四個C，也就是「自信」的階段後，我們便會再度下定「決心」迎接新的重大挑戰。

就像這樣，透過周而復始的「4C」循環，更遠大、更美好的未來將得以實現。

大處著眼，小處著手

即使懷抱志向遠大的目標，也要踏踏實實地從一小步開始

「Think Big, Start Small」（大處著眼，小處著手）是谷歌公司激發創新力的基本方針之一。

谷歌將「大處著眼，小處著手」的理念落實在產品開發中，他們認為與其在提高產品的完成度之後才正式推出，不如提前發布測試版，以獲得用戶的回饋，使產品臻至完善。

簡言之，比起過度專注於制定嚴密計畫，他們更傾向於先付諸行動，並從回饋和成果中學習——這種思維方式重視的是速度和改進的過程。

如果從小處著手，在早期階段就能從無關緊要的小失敗中汲取教訓，並將學到的經驗運用於下一個階段。

在懷抱遠大目標的同時，先從踏出一小步開始，這種方法的思維與「10X」有著共通之處。

想要獲得十倍的成果，就先從踏出一小步開始。如果小規模嘗試的事情進展順利，便能看出是否可能擴大規模，成功實現「十倍目標」。

但是，在面對遠大的目標時，儘管是自己設定的目標，也往往會因其龐大的規模而感覺到壓力，不知道該從哪裡開始著手。

我在將醫療領域相關公司的開發業務業績設定為「十倍目標」的一開始，也曾覺得壓力爆錶，不知道「到底要用什麼方法才能把營業額從五千萬日圓提升到五億日圓……」。參與這項業務的團隊成員們也都感到迷惘，紛紛表示：「不知道該從何處開始著手……。」

但是，在邁出一小步之後，我們開始能從每一步當中切實感受到進步，進而提高了工作動力。

在這間醫療領域相關公司的開發業務中，我也是從踏出一小步開始做起的，我們沒有侷限於既有產品已開發的市場，而是開始著手研究有可能讓營業額成長十倍的技術和產品市場。

就拿「將營業額提高十倍」的目標來說吧！為了提高工作動力，可以先從閱讀一本自我啟發書籍開始著手，這樣不僅能從書中獲得新知識，也得以成功邁出第一步。接下來，可能再去參加銷售相關的研討會，或試著付諸實行——以上每一步都有助於創造出豐碩的成果。

除此之外，即使是每天花十五分鐘學習技能、記錄想法等等微不足道的小事，也能讓我們切實感受到每一天的進步，體會到自我成長的喜悅。

透過累積每一小步所獲得的成果，促進自我成長並逐步建立起自信。一點一滴累積，最終就會轉化為豐碩的成果。

「10 X」=「成長心態×創新思維」

閱讀至此，或許有一些讀者已經察覺到，**「10 X」的目的和效果與「成長心態（Growth Mindset）×創新思維（Innovation Thinking）」有所重疊**。

「成長心態」是由史丹佛大學心理學教授卡蘿・杜維克（Carol S. Dweck）提出的觀點，意思是指「自身所擁有的能力和才能可以透過經驗和努力加以提升」。

所謂的「創新思維」，顧名思義就是「具有創新性質的思維」。

具備「成長心態」的人不害怕失敗、勇於挑戰、不會因為他人的評價而情緒起伏，並且能夠持續自我成長和學習。

擁有「成長心態」的人會從正面角度看待挑戰，他們往往樂於積極接受挑戰。

此外，在挑戰過程中遇到難題時，他們也會從各種不同的角度面對問題，因此能夠產生新穎的解決方案和想法。因為他們相信透過不斷努力可以提升能力，所以願意去克服努力過程中的痛苦和疲勞。

實際上，人可以分為兩種類型，一種人擁有「成長心態」，另一種人則不具備這種心態。相對於「成長心態」的人，另一類型的人被稱為是擁有「固化心態」（Fixed Mindset），抱持這種觀點的人認為「一個人的能力是固定的，即使再怎麼努力也無法改變」。

擁有「固化心態」的人往往因為害怕失敗而選擇逃避挑戰或難題，遭遇失敗時，會將責任歸咎於周遭人，缺乏自我反省能力，因而錯失成長的機會。

正在閱讀本書的你，相信應該是擁有「成長心態」的人吧！當你致力於實現「十倍目標」時，要知道這個過程並非僅靠個人的努力，而是需要結合團隊的力量一起朝著目標前進，因此，擁有「成長心態」的團隊成員才是最佳人選。

我們要與擁有「成長心態」的團隊成員齊心協力，以具創造力的方法推動創新、

實現遠大的目標，進而為世界、社會做出貢獻。因此，想要達成遠大的目標，需要靈活地轉換思維。

在我所參與的醫療領域相關事業中，以往設定目標的方式是「比前年度成長一〇%」。但是，當我立志實現「十倍目標」後，思維便出現了轉變，例如：從根本面重新審視業務、著手開發前所未有的全新技術等等。

想要實現「十倍目標」，並非用抓住救命稻草、慌不擇路的方法，而是遵循「10X」的四步驟：不要一個人單打獨鬥，要與團隊一起努力，不斷累積每一小步的行動，我覺得從心態上來看，這些做法非常合理。

本著「大處著眼，小處著手」的理念，我們可以在一步一步向前邁進的過程中，將自己的潛力發揮至極限，實現遠大的未來。讓我們就從今天開始實踐「大處著眼，小處著手」，邁出小小的一步，朝著遠大的目標前進吧！

10x

第三章

專注於「喜歡」、「擅長」、「有益於他人」、「可產生收益」四項條件

勉強自己做「不想做」、「不擅長」的事，能做出成果嗎？

10x

在你的工作當中，「不想做的事」和「不擅長的事」占多大比例？

在你平常的工作當中，有多少比例是「不想做的事」和「不擅長的事」呢？如果「不想做的事情」和「不擅長的事情」占比超過一半，我建議最好重新審視你的工作內容。

實現「十倍目標」的第二個步驟，就是專注於「喜歡」、「擅長」、「有益於他人」、「可產生收益」的事情。

勉強自己去做「不想做」、「不擅長」，而非「喜歡」、「擅長」的事情，這種做法不可能屢創佳績。

我自己在參加策略教練公司的「十倍雄心課程」時，有一項作業是要找一位搭檔組隊，了解在平時工作中，「不想做的事」和「不擅長的事」所占的比例。

結果我發現在自己的工作當中，一半以上都是「不想做的事」和「不擅長的事」。與我組隊的搭檔一臉認真地說：「你應該提高能發揮獨特能力的工作比例。」

相比之下，跟我組隊的搭檔就完全不做自己「不想做的事」和「不擅長的事」。這位搭檔在達成十倍成果的同時，還能擁有由自己安排的自由時間，過著工作和個人生活都很充實的日子。

透過這項作業，我發現在日常工作當中，勉強自己去做「不想做的事」和「不擅長的事」加起來的工作量，比我想像的高出許多。

例如：對我來說，統計銷售數據並不是我「喜歡」的工作，但我將其視為應該累積經驗、讓自己比其他人更「擅長」的工作，於是持續地做著。

然而，由於我並「不喜歡」統計銷售數據，所以每當處理這項工作時，總會讓我感到疲憊，無法持續在精力充沛的狀態下進行。

如果把銷售數據的統計工作交給那些既「喜歡」又「擅長」，而且還具有這方面獨特能力的團隊成員處理，我就能將更多時間投入在更有生產效率的工作上，在保持充沛精力的同時，也可創造出更亮眼的成果吧！

再者，接手這項工作的團隊成員可以用比我更快的速度完成數據統計，甚至使用新的工具進行分析和報告，運用巧思完成工作，得到更高品質的成果。

對於商務人士來說，人生中大部分時間都花在工作上。

在這段漫長的歲月裡，是要勉強自己去做「不想做的事」和「不擅長的事」？還是精力充沛地去做自己「喜歡」與「擅長」的事？這兩者之間將會產生很大的差異。

「但這畢竟是工作啊，就算是『不想做的事』和『不擅長的事』也得做吧？」

「不想做的事就不做，只做自己喜歡的事，天底下哪有這種好事？」

「努力克服自己不擅長的事情，這樣才算是獨當一面的社會人吧！」

我相信很多人都有這種想法。但是，必須勉強自己做「不想做的事」和「不擅長的事」這種觀念，不管是從工作動力，還是生產效率的角度來看，都不得不說——這樣不僅效率很差，成果也不好。

從減少「不想做」和「不擅長」的事開始做起

請從你平時的工作當中，優先減少「不想做的事」和「不擅長的事」，並增加自己「喜歡」和「擅長」的事吧！

在這個過程中的第二步，就是尋找具備獨特能力的團隊成員，將自己「不想做的事情」或「不擅長的事情」交給他們處理。

一開始，要先確定自己的獨特能力；接著，去了解團隊成員的獨特能力。目標是讓每個人都能充分發揮自身的獨特能力。

特別是創業者、經營者和公司的領導者，如果一直在做自己「不想做」或「不擅長」的事，團隊成員也會以此為（不好的）榜樣，勉強自己一直忍受「不想做的事」或「不擅長的事」。因此，**請由自己率先減少「不想做的事」或「不擅長的事」，並把這些工作交給「喜歡」且「擅長」的人來完成吧！**

如果你覺得很難立即將這個辦法運用到工作上，以下有一個簡單的方法，不妨嘗試看看。例如：可以與同住家人或伴侶分工合作，以充分發揮各自「喜歡」和「擅長」之事的方式，來共同分擔家務或與家庭有關的事務。如果所有家庭成員都認為某項家務是「不想做的事」或「不擅長的事」，請考慮看看是否可以外包。

即使只是自己身旁熟悉的家務，你也一定會發現——其實把這些「不想做的事」和「不擅長的事」交給「喜歡」且「擅長」的人處理，效率會更好。

10x

最能提高生產力的工作是「喜歡」且「擅長」的工作

「喜歡」和「擅長」是不同的兩件事

誠如前述，所謂的獨特能力要同時滿足「喜歡」、「擅長」、「有益於他人」以及「可產生收益」這四項條件。

我在說明獨特能力時，有時會被人問道：「『喜歡』和『擅長』不是類似的意思嗎？」其實不然。

自己能夠從中獲得喜悅和充實感的，是「喜歡」的事情；而即便「不喜歡」，也能夠做得很好的，則是「擅長」的事情。

既然有自己「不喜歡」但「擅長」的事情，那就應該也會有自己「喜歡」但「不擅長」的事情吧？

以我來說，銷售數據的統計工作就是我「不喜歡」的事，但由於這是我「擅長」的工作，比起不擅長的人，我可以更有效率地完成。而另一方面，對我來說，學外語和說外語是我「喜歡」卻「不擅長」的事，所以交給「擅長」的人來完成，可以讓工作品質更好。

「如果是喜歡的工作，只要堅持下去就會變成自己擅長的工作了，不是嗎？」雖然這種想法也有其道理，但實則需要投入相當多的時間。

以「10X」機制的思維而言，比起「怎麼做」，更重視「與誰合作」——把自己不擅長的事交給擅長的人，不僅能用更快的速度完成，還能獲得更豐碩的成果。

雖然我說明了「喜歡」和「擅長」是不同的兩件事，但歸根究柢，重要的關鍵點還是：**全心投入自己「喜歡」且「擅長」的工作，才能讓生產效率達到最佳狀態。**

「10X」機制的工作方式強調應致力於同時滿足「喜歡」和「擅長」的工作。然後，減少自己「不喜歡」或「不擅長」的事，把這些工作交給「喜歡」且「擅長」的團隊成員處理。在「10X」機制中，也會靈活運用科技、利用自動化系統處理自己「不喜歡」或「不擅長」的工作，透過系統或AI人工智慧減輕工作量。

利用「喜歡」和「擅長」實現「十倍目標」的成功案例

以「10X」機制的思維而言，**雇用員工不是「費用支出」（人事成本），而是一種「投資」**。雇用員工的目的是增加自己的自由時間，這是讓自己在工作上發揮獨特能力並獲得成果的一種投資。

一旦具備將「團隊成員」視為未來投資的心態，不管自己還是團隊成員都將能夠全心投入「喜歡」且「擅長」的工作，最終所獲得的豐碩成果也絕非因襲固有做法可以比擬。

我參加「十倍雄心課程」時，曾聽到一個案例，接下來就與你分享。在這個案例中，對方利用「喜歡」和「擅長」的事情成功達成了「十倍目標」。

案例主角是策略教練公司的客戶，同時也是一家鞋類用品製造商的經營者——凱文。凱文雖然在銷售方面具有獨特能力，而且公司業績表現良好，但他一直過著相當忙碌的生活。

這是因為除了從事他具備獨特能力的銷售工作之外，凱文還要處理一些他既「不喜歡」也「不擅長」的工作。例如：凱文從父親那裡接手經營的公司，有每年都要親筆寫信給客戶公司的傳統——這項工作並不能充分發揮他的獨特能力。

因此，基於「10X」機制的思維，凱文決定聘請秘書來處理自己既「不喜歡」也「不擅長」的文書事務。他認為雇用一位每週工作二十小時，來代替他處理這些文書事務的秘書，可以讓他把精力集中在銷售工作上。

雖然雇用秘書每個月要多花費約三十萬日圓的人事費用，但是如此一來凱文便可以把自己既「不喜歡」也「不擅長」的工作交給秘書處理了。

授權秘書代替他寫信給客戶公司，以及處理他的電子郵件之後，凱文因此多出許多時間。就結果而言，他能夠更加專注於銷售業務，並且每個月都能多為公司創造約三百萬日圓的利潤。

這個案例正顯示了：聘請秘書是幫助他實現「十倍目標」的一項投資。

在學習「10X」之前，雇用秘書對凱文來說並不是一項投資，而是一筆開銷，據說他當時對於每個月的開支感到擔憂。

然而，由於他後來具備了「將團隊成員視為未來投資」的心態，並雇用了秘書，所以得以實現十倍的突破性成長。

我想現在，應該還有很多人在勉強自己忍受「不想做」或「不擅長」的工作。由於我曾在美國工作過，我覺得與亞洲相比起來，美國的社會環境更能讓人在職場上發揮自己「喜愛」和「擅長」的工作。

不過，在日本，生產力較高的公司都已建立起完善的體制，讓員工能夠發揮自身的獨特能力。至少，我從未見過有人能夠在面對「不喜歡」且「不擅長」的工作時，還能持續保持良好的生產效率。

即使是同樣的工作，由不同的人來做，生產效率也大不相同。那樣的話，讓最適合這項工作的人來做，不就是最好的選擇嗎？

10x

「對他人沒有幫助」、「無法產生收益」的事業無法帶來營收

除了「喜歡」和「擅長」，是否也具備「有益於他人」、「可產生收益」這兩項條件？

先前已提及生產效率最高的工作，就是自己「喜歡」且「擅長」的工作。「喜歡的事情」，換言之就是一種「價值觀」。所謂的價值觀，便是指自己覺得有價值的事情，當你在從事自己覺得有價值的事情時，會打從心底感到滿足，也能帶著滿滿的能量持續投入。

而「擅長」的事情，換句話說就是與生俱來的「才能」，或是經過鍛鍊而來的

「敏銳度」。有的情況是天生就很擅長，有的情況則是後天培養出來的能力。

有些人在體能上的優勢來自於父母的遺傳，例如：身高、骨骼、肌力等先天條件；有些人則是透過遊戲或運動等方式，經由後天培養提升了自己的能力。舉例來說，有些人天生就有數學細胞或音樂細胞，再加上自己的不斷努力之後，就在這些領域擁有了深厚的造詣。**如果將「喜歡」和「擅長」的事情相結合，我們就能帶著熱情持續投入，並創造出高品質的成果。**

但是，即使釐清了自己「喜歡」和「擅長」的工作，並增加了這類工作的比例，如果那並不是「有益於他人」的工作，也無法獲得他人的讚賞；而如果不能「產生收益」，便無法創造營收和利潤，自然也就無法獲得事業上的成就。

即使懷抱著熱情，卻不滿足於「有益於他人」或「可產生收益」，這樣的事情只能稱之為興趣，而非工作，更無法發展成為事業。正因為如此，在構成「獨特能力」的四項條件中，剩下的兩項條件就是「有益於他人」與「可產生收益」。

如果純粹當成興趣，按照自己的心意盡情投入也無妨；但若想當成事業並取得十倍成果，那就需要專注於同時滿足「喜歡」、「擅長」、「有益於他人」和「可產生收益」這四項條件的工作。（順帶一提，如果是滿足了「喜歡」、「擅長」而且「有益於他人」這三項條件，就算是不符合「可產生收益」的情況，例如：志願服務、非營利組織或非政府組織的活動，一樣能依據本書所介紹的內容，利用以「10Ｘ」為基礎的工作方式創造出十倍成果）。

發掘獨特能力的順序

在尋找自己的獨特能力時，比較好的順序是先確定自己「喜歡」和「擅長」的事情，然後再找看看這些事情是否符合「有益於他人」和「可產生收益」兩個條件。

為什麼呢？因為就算先找到「有益於他人」或「可產生收益」的事情，但假使這些並不是自己「喜歡」且「擅長」的事情，我們終究很難懷抱著熱情持續下去。

拿「喜歡」的事情為例，不妨問問自己以下問題：

「什麼事情會讓自己忘記時間，沉迷其中？」

「在做什麼事的時候會感到幸福？」

「如果沒有任何限制，可以做任何事情的話，會想做什麼？」

至於「擅長」的事情，可以問問自己以下問題：

「有哪些事情經常被周遭人稱讚？」

「有哪些事情不需要花太多時間就能完成？」

「到目前為止，是否有哪件事讓你對周遭人感到不解，心想『為什麼連這點小事都做不到？』」（因為自己能做到）

從前述問題中可以看出，在這些你平時覺得理所當然的事情裡，都可能隱藏著自己「擅長」的事情。

當你做出「有益於他人」的事情時，不僅會得到他人的感謝，幸福感也將隨之提升。如果能把自己「喜歡」且「擅長」的事情當作工作，並且還能「有益於他人」，你就會從這份工作中感受到價值與意義。

確定自己「喜歡」和「擅長」的事情，並試著問問自己：「這件事有益於他人嗎？」、「這是社會所需要的嗎？」、「這有市場需求嗎？」

如果是自己「喜歡」、「擅長」並「有益於他人」的事情，那麼極有可能也符合「可產生收益」的條件。再者，如果已經有人把這件事情當成工作來做，那就表示這項工作符合「可產生收益」的需求，因此它將可以成為你的獨特能力。

當你決定要把符合這四項條件的事情當成工作時，只要學習相關知識和技能，即可進一步提升自己的獨特能力。

若整個團隊都專注於「喜歡」、「擅長」、「有益於他人」和「可產生收益」，將創造十倍成果

許多公司未能讓員工在工作中發揮獨特能力

儘管我們人生中有相當多的時間都投入在工作上，但是，在許多公司與組織裡，員工無法從事能發揮獨特能力的工作，也就是無法滿足「喜歡」、「擅長」、「有益於他人」和「可產生收益」這四項條件。

你是否也面臨著這樣的情況呢？周遭人的情況又是如何？是否真的有在工作中感受到充實感和成就感呢？是否勉強自己忍受不喜歡或不擅長的事情？

10x

就事業而言，每位團隊成員都應該專注於符合「喜歡」、「擅長」、「有益於他人」和「可產生收益」四項條件的工作，將個人的熱情和才能發揮至極限，並透過與其他團隊成員的合作激發加乘效應。

首先，做自己「喜歡」的工作能提升動力，也是熱情的來源——你會發自內心感受到工作的意義，享受工作並樂在其中，進而激發出具有創造力且創新的想法。

聚焦於自己「擅長」的工作是充分發揮個人技能和才能的機會。集中精力投入自己擅長的事情，不僅可提升個人的專業能力，也有助於提高工作成果和品質。

從事「有益於他人」的工作，意味著追求社會意義和價值。透過自身行動或貢獻，能對他人的生活乃至整個社會產生正面影響，個人滿足感和組織評價也會提升。

從事「可產生收益」的工作，則是維持事業和成長的必要條件。在經濟層面上創造成果，也有助於提升團隊和組織的成就感。

但實際上，許多公司或組織距離這種理想狀態都還有很大一段差距。許多人不但對自己的工作不滿意，也無法體會到工作的意義和成就感。

正因為有可以發揮的舞台，才能展現獨特能力

我的朋友H先生在一家大型IT企業擔任銷售管理職務，他曾告訴我：「雖然在工作上投入大量時間，最近卻因為無法做自己喜歡且擅長的事，不僅工作動力受到影響，也開始備感壓力。」

H先生很懷疑目前的工作是否真的適合自己。如果從事更適合自己的工作，是否會覺得更加充實？——這些想法令他感到苦惱。

於是我向H先生介紹了丹・蘇利文的「10X」和獨特能力的概念。

當我告訴他：「讓每位團隊成員都全心投入自己懷抱熱情且具備才能的工作，目標是個人成就和組織成長最大化。」H先生非常感興趣地聆聽著。

我詳細詢問了H先生平時在職場的工作情況後，得知他擅長與人溝通，並且在銷售方面也有出色的表現，然而，在晉升為管理職的同時，他開始需要處理更多數字方面的管理工作，而這成為了新的考驗。

一開始，數字方面的工作讓他心生抗拒感，導致工作動力下滑。據悉，H先生對於無法充分發揮自身強項感到不滿，壓力也逐漸累積。

聽完我的說明，H先生以此為契機，為了在職場中發揮自身獨特能力，嘗試增加與客戶和團隊成員溝通的時間。雖然他更肯定這些舉措能夠發揮自身能力並提高工作動力，但在他任職的公司，營業部門的管理職每個月都要提出數據分析和報告，而且團隊成員中沒人能提供協助，所以他依舊得花費大量時間在不擅長的工作上。

因此，H先生決定重新審視職業生涯，另尋能夠發揮自身獨特能力的職場。

之後，H先生透過求職活動找到了一家可以充分發揮其優勢的工作環境。新的職場是同屬IT領域的新創公司，由H先生擔任營業部門經理。在那裡他不僅可以充分發揮自己擅長的銷售技巧和溝通能力，專精數據管理的團隊成員也會從旁協助。團隊成員的支援彌補了H先生不擅長的部分，讓他能夠充分表現自己原有的優勢。

H先生變得能夠善用獨特能力，在工作中找到充實感，與團隊成員的合作也更加順暢無礙。據說現在的他不僅在工作中感受到充實和喜悅，與周遭人也合作順利。新公司的團隊成員們都和H先生一樣，身處在能充分發揮自身潛力的工作環境中。

從H先生的案例可以看出，如果在職場中無法發揮自己的獨特能力，那麼離開原有職場，轉換到可發揮出獨特能力的職場去，也不失為一種選擇。

假使不換工作，想繼續待在目前的公司，也可以向公司提出申請，表達希望調動到能發揮獨特能力的部門、提高可發揮獨特能力的工作比例，或是將無法運用獨特能力的工作交給其他成員、委外處理、導入自動化等等，這些都是可以納入考慮的選項。此外，也可以考慮善用自己的獨特能力去創業或發展副業。

無法在工作中充分發揮獨特能力時，該怎麼辦？

社會上有許多公司或組織，無法為團隊成員提供可發揮自身潛力的職場環境，我認為這是一項嚴重的問題。

導致這種問題的原因之一，是因為職場缺乏支援制度，無法讓員工專注在符合「喜歡」、「擅長」、「有益於他人」和「可產生收益」條件的工作上。

想要解決這個問題，首先要讓團隊成員都找到自己的獨特能力；而領導者則需要營造出適合發揮獨特能力的工作環境。

為此，**公司或組織的領導者需要了解團隊成員，激發他們的熱情和才能，並打造一個有彈性的職場環境，讓成員能夠全心投入自己「喜歡」、「擅長」、「有益於他人」和「可產生收益」的工作。**

只要每位團隊成員都能充分發揮各自的獨特能力，並藉此提升他們的工作動力和生產效率，就能藉由團隊合作為整個組織帶來甜美的成果。如此讓團隊成員同心協力，朝著遠大的目標前進，便能成功創造出十倍成果。

減少「不想做」和「不擅長」之事，並專注於獨特能力的方法

10x

掌握當前工作內容並加以改善的「ABC模型」

到目前為止，我已經說明了讓所有團隊成員專注於「喜歡」、「擅長」、「有益於他人」和「可產生收益」工作的意義，接下來要談談如何才能達到這種狀態。

下面將依據策略教練公司所提出的**「ABC模型」**進行說明，這是一種專注於獨特能力以實現突破的思考過程。「ABC模型」從情感層面將日常工作簡單區分為以下三種類型——

・A類工作：令人煩躁、自己不想做的工作。
・B類工作：雖然不是自己主動想做，但有能力完成的工作。
・C類工作：能夠發揮獨特能力，帶著使命感和熱情、滿懷期待投入的工作。

理想情況是讓C類工作的時間比例達到百分之百。為此，首先要掌握在你投入工作的時間當中，ABC類工作的時間比例分別是多少。第一步就是要了解目前的時間比例。

掌握時間比例的方法就是：從每週的平均工作總時數中，計算花費在ABC類工作上的時間各占比多少。

舉例來說，如果每週平均工作時數合計達到五十小時，其中有三十五小時花在A類工作上，那麼A類工作的時間比例就是七〇％。

根據策略教練公司所做的調查顯示，剛參加「十倍雄心課程」的學員花在工作上的時間比例，平均來說，A類工作占七〇％，B類工作占二五％，C類工作僅占

ABC模型

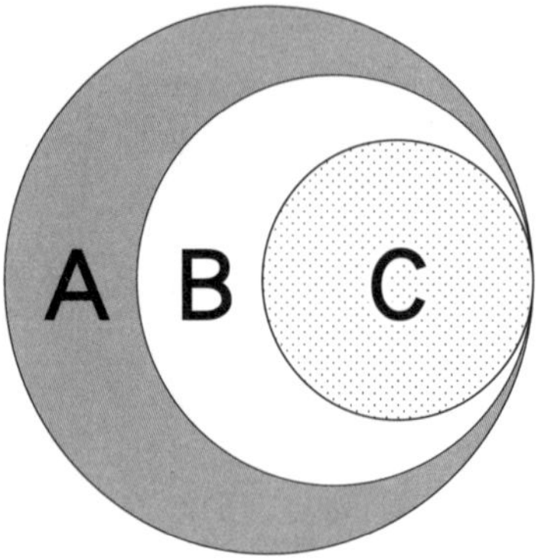

五%。以我個人而言，在參加「十倍雄心課程」之前，A類工作的比例為三〇%，B類工作為五〇%，C類工作為二〇%。那麼，你和團隊成員的時間比例又是怎樣的情況呢？

對於像我這樣「A類和B類工作比例較高，C類比例最低」的情況，有些人可能會感到沮喪，但請不用擔心。**A類和B類工作比例較高，代表有更多改善和成長的機會。**

改善行動的第一步，就是思考：如何減少A類工作？

大部分的情況是，A類工作是因循既有習慣而延續下來的作業。而且，在某些情況下，即使不做也不會有太大影響。不妨試著考慮放棄那些可有可無或生產效力不佳的工作吧？

至於無論如何都必須有人處理的工作，就請考慮交給具有這方面獨特能力的人來負責，或是外包出去、採用自動化作業等等。最終目標就是讓你完全不需要經手A類工作。

自動化方面，不妨也考慮看看是否可藉助系統、IT工具、AI人工智慧、機器人等科技的力量代為處理A類工作。

在B類「雖然不是自己主動想做，但有能力完成的工作」中，也包括了不喜歡但擅長的工作。

對我來說，銷售數據的統計工作就屬於雖不喜歡卻很擅長的B類工作，即使我確實能夠持續做下去，也無法滿懷期待或熱情地投入其中。因此，最好也盡量別做B類工作。

就順序而言，首先是盡量不做A類工作。下個階段則要思考如何避免B類工作，比方說將B類工作交由具備這方面專長的人、委外處理，或導入自動化系統等等，目標是未來不用再親自處理B類工作。

最後，每隔九十天，重新檢視這個「ABC模型」的工作比例及其改善過程。（詳細內容請參考本章第一二九頁「正向力提升」部分）。請列出你自身ABC各類工作的比例、改善這些比例的構想、實踐構想的具體行動、執行期限，以及實踐後的預期成果。

改變「ABC」類的工作比例，突破現況

說到這裡，你還記得先前提到的「4C」嗎？在實踐「ABC模型」時，首先要下定「決心」（Commitment）全心投入C類工作，並鼓起「勇氣」（Courage）挑戰全新的工作方式。如此一來，不僅能減少A類和B類工作，也會培養出「能力」

（Capability），讓自己可以專注於C類工作，進而建立起「信心」（Confidence）。

由於重新檢視和改善「ABC模型」的工作比例，也會改變原有的工作內容，在這個過程中，難免會讓人感到不安和恐懼，但還是請按照「4C」的順序逐步突破現況。

當你和團隊成員都能夠減少A類和B類工作，全心投入C類工作並充分發揮獨一無二的能力時，整個團隊的活力和生產力將會發生巨大的變化。

我自己前往策略教練公司的辦公室參加「十倍雄心課程」期間，在觀察丹・蘇利文和團隊成員的工作狀態，並與他們交流互動後，深信讓所有團隊成員都專注於C類工作才是最理想的狀態。

如果從「ABC模型」的角度綜觀社會，我認為在許多公司或組織中，員工的A類或B類工作所占比例仍然太高。

即便是我參與經營的公司，也都有著改善的空間，目前正致力於讓所有團隊成員都能全心投入C類工作。

但是，有時候也會出現團隊成員無法發揮獨特能力的情況，因為他們被分配的工作並不是C類工作，而是A或B類工作。

透過這些經歷，我深刻體會到身為委派工作任務的領導者，要與團隊成員保有良好溝通，並準確掌握他們的獨特能力——這一點至關重要。

儘管我還在不斷摸索嘗試，但由於團隊成員們已能帶著使命感和熱情投入工作，所以也提高了實現十倍成果的可能性。

專注於獨特能力的「工作分配方式」

10x

分配工作的五個步驟

在改善「ABC模型」的工作比例時，頗有效果的措施之一，就是將工作分配給在該方面具有獨特能力的團隊成員。

以下是根據獨特能力分配工作的五個步驟：

① 思考以這項工作而言，誰是具備獨特能力的合適人選？

當你要將在自己心中被歸為A類或B類的工作分派給他人時，請選擇具有該項工作所需之獨特能力的人。將工作交給合適的人選是「10X」機制的重要關鍵。

②釐清你想要獲得的結果

當你決定將工作分配給誰之後，請明確傳達你期望的成果，並與對方充分溝通。

③決定時間軸

設定實際可行的時間軸，並決定專案計畫或行動的完成日期。

④決定團隊成員的職權範圍

明確告知被分配到工作的團隊成員，當他們在決定自身行動時擁有多少權限。如果對方是新聘任的團隊成員，最好事先明確說明其職位、目標、工作內容、責任、權限，以及需要具備的工作技能、專業能力和資格等等。

5 追蹤進度並提供支援

對於負責該項工作的團隊成員，定期安排報告或面談機會，以便追蹤（追蹤與分析）專案計畫或行動的進度，直到完成為止。透過這個過程，可根據對方的需求提供建議和支援。

接下來，提供給你一個分配工作的實際案例。對我來說，銷售數據的彙整統計屬於「雖不喜歡但很擅長的工作」，於是我按照以下步驟將這項工作委由他人處理。

1 思考以這項工作而言，誰是具備獨特能力的合適人選？

對我來說，銷售數據的彙整統計屬於「ＡＢＣ模型」中的Ｂ類工作，也就是「自己不會主動想做，但有能力完成的工作」。於是，當我在思考「誰擁有統計銷售數據的獨特能力」時，發現業務團隊中的Ｔ先生不僅喜歡而且擅長這項工作。由於他過去也有相關經驗，所以決定將這項工作分配給他。

2 釐清你想要獲得的結果

我和業務代表T先生單獨討論，分享自己經手過的銷售數據統計等工作內容，並與他達成共識，由T先生全權負責這項工作。

3 決定時間軸

正式將銷售數據統計工作交給業務代表T先生之前，我設定了三個月的期間。在這段期間內，由T先生提供在銷售月會中發表的銷售數據。

4 決定團隊成員的職權範圍

我授權T先生使用統計銷售數據的專用系統，讓他可以在自己的電腦上使用這套系統進行銷售數據的統計工作，同時也將這項工作加入T先生的職務說明書中。

5 追蹤進度並提供支援

在這三個月的過渡期間內，每個月在召開銷售會議之前，我都會與T先生單獨開會確認進展情況。

在第一次銷售會議時，我和T先生一起統計銷售數據，順利地完成了工作；所以第二次會議時，我便請T先生獨力完成統計工作，再由我負責確認和修正統計結果，並對修正內容提出建議。到了第三次，經過確認，由T先生獨自完成的統計結果已經正確無誤，無需修改。

透過這種方式，我在三個月內將銷售數據的統計工作全數交給T先生負責。於是從第四次銷售會議開始，我不再事先確認相關數據，而是交由T先生直接在會議上報告統計結果。

由於T先生善於使用統計銷售數據的工具，也很擅長分析，因此他能夠以更短的時間完成統計工作，他在銷售會議上所提出的分析結果不僅超出我的能力範圍，也讓銷售活動達到更好的改善效果。

自從業務代表T先生開始負責銷售數據的統計工作，業務部員工之間的資訊共享和意見交流變得更加活躍。T先生將其獨一無二的能力運用在了統計和分析銷售數據上，這也將成為未來晉升管理職位時，被納入考量的重要因素。

此外，由於T先生接手了銷售數據的統計工作，也就是我「雖不喜歡但很擅長」的B類工作，所以我能夠更加專注於發揮自身獨特能力的C類工作，也就是「經營管理」相關工作。

分配工作的四個層級

在分配工作時，希望你事先意識到有以下四個層級：

・層級一：在採取行動之前，針對該行動進行調查、評估和報告。
・層級二：基本上將工作交給他人處理，並請對方定期提出報告。

- 層級三：將大部分工作交給他人處理，只要求對方提供最終報告。
- 層級四：將所有工作全權交給他人，無需任何報告。

你可以專注於獨特能力，並透過「分配工作的五個步驟」，將授權層級逐步從層級一提升到層級四。

為了有效地分配工作，請同時掌握以下重點：

- 在層級一的階段中，以你認為重要程度較高的工作為主，並請對方定期向你提出報告。這樣一來，團隊成員就會知道你交給他們處理的工作，都是對你來說很重要的工作，他們也會多加關注和重視。
- 不要期待分配到工作的人會揣摩你的心意並採取行動。因此，你要確定自己期望獲得怎樣的結果，並與對方充分溝通。
- 不要因為委託他人處理稍微瑣碎繁雜的工作而感到愧疚。

・確定自己要投入多少時間和精力在接手工作的人身上，並將期望傳達給對方。
・不要低估完成工作所需的時間。對方未必能如預期快速完成你所分配的工作。
・提供對方需要的支援。讓被分配到工作的人能夠協助你節省更多時間或精力。
・不進行微觀管理（避免過度干涉細節）。
・不要將能發揮自身獨特能力的工作交給他人處理。
・不要低估被分配到工作的員工或團隊的能力。
・不要操之過急。對於被分配到工作的人，要支援並關心他們的學習與成長。

如果你能根據以上重點，將工作分配給具備相關獨特能力的人，你的團隊將更有可能實現十倍成果。

因為當你和團隊成員都能全心投入工作，並且發揮自身的獨特能力時，不僅能大幅提升團隊的生產效率，還能讓所有團隊成員懷有使命感和熱情，帶著滿滿活力積極地投入工作。

每九十天進行一次「正向力提升」

透過「10X式正向力提升」提高自信心

我會利用「ABC模型」重新檢視工作、回顧改善過程，並將檢討內容和進度的時間單位設定為九十天。

雖然不可能在一天內達成重大目標，但如果設定為九十天，也就是為期三個月的時間，就既不會太短也不會太長，很適合用來回顧進度。你可以確認在這九十天內工作的進展程度、認識當前面臨的課題，或探討克服這些問題的方法。

在挑戰新事物時，雖然不一定能在為期「九十天」的單位時間內出現戲劇性改

10x

變，但一定會有所斬獲。**在九十天裡集中精力投入一項主題，不論成敗與否，你都能從經驗中學習並獲得啟發。**

舉例來說，我曾在一家醫療領域相關公司參與一項為期九十天的檢測系統產品改善專案，最初三十天，我花費時間進行市場調查、傾聽客戶的意見；而剩餘的六十天則致力於改善產品。

專注於單一主題，將學習到的知識和啟發回饋到專案計畫中——這個方式讓檢測系統產品達到前所未有的改善。

策略教練公司提出一種名為「正向力提升」的方法，每九十天進行回顧並思考下一個挑戰，藉此提升自信心。「十倍雄心課程」也是每九十天舉辦一次工作坊，每次都會進行這項「正向力提升」的作業。

在「正向力提升」的作業中，學員會在一張紙上按照「私人生活」、「工作」、「團隊」這三個類別，回顧過去的九十天，並寫下已經完成的事情。

透過回顧這段期間，學員就會發現自己和團隊在過去九十天內的經歷和已達成的事情，遠遠超出自己的預期。

接下來，在每個類別已達成事項的右側寫下「為什麼這件事很重要？」（重要性）。這個過程可以讓自己重新認識，在「私人生活」、「工作」、「團隊」中達成的事情，對於自己、家人和團隊為何具有重要意義。

最後，為了在未來九十天內可以實現大幅度成長，請思考自己可以採取的行動並寫在重要性右側的欄位內。內容可以是對新挑戰所採取的行動，也可以是針對過去九十天中未能順利進展項目的改善措施。就整體而言，便是填寫一個三乘三的九宮格，當所有格子都填滿時即完成這項作業。

這項「正向力提升」，**只要每隔九十天進行一次，即可察覺到自己和團隊已經歷過的事情，或已達成了許多事情。此外，也能從「私人生活」、「工作」、「團隊」這三個面向意識到自己和團隊的進步，進而提升自信心。**

再者，列出未來九十天的新挑戰，正如其名，這項作業能讓你充滿積極面對挑戰的正向力量。每隔九十天進行一次「正向力提升」，你將能意識到自己的衝勁和往前邁進的感覺。

「10 X式正向力提升」的使用方法

即使在「十倍雄心課程」所有工作坊都結束後，我依然持續實踐這個「正向力提升」的方法。只要從「私人生活」、「工作」、「團隊」這三個面向回顧過去，就可以讓你下一步的方向變得更加清晰，而且在提升自信的同時，還能維持滿滿的正能量。

請你也務必試試看，每九十天進行一次「正向力提升」。如果情況允許的話，我建議別自己一個人，而是與團隊成員一起實行這個方法。

在實行「正向力提升」這項作業時，請一併確認自己和團隊成員全心投入的工作，是否符合「喜歡」、「擅長」、「有益於他人」和「可產生收益」這四項條件。

如此一來，不只是你自己，你的團隊成員也能夠以九十天為單位，確認工作進度

正向力量提升的範例

名字：（你的姓名）　　　　　　日期：（今天的日期）

	經驗／達成事項	重要性	下一步行動
私人生活	・幾乎每天都能和家人一起共進晚餐，度過愉快的時光。	・在孩子們成為國中生，和父母相處時間越來越少的情況下，親子之間仍然能保持良好的溝通。	・假日和家人來一趟溫泉之旅，共度悠閒時光，欣賞色彩繽紛的楓葉。
工作	・架設新的網站，重新打造公司的品牌形象。	・重新打造的公司品牌，能夠展現公司文化。 ・新網站成為目標客戶取得公司資訊的新途徑。	・增加部落格，為網站提升附加價值。在部落格當中，提供有助於解決目標客戶煩惱、使其感受到價值的內容。
團隊	・將業務部的管理工作交付給轉職加入公司的K先生，結果業務部門的業績提升了40%。	・管理業務部門並不是自己的獨特能力。與其把時間花在不喜歡也不擅長的事情上，不如專注於行銷活動，發揮自己的獨特能力。	・將業務管理工作交給K先生，自己則負責活動企劃、廣告投放、內容發布等行銷活動。

並感受到工作成效，與此同時，團隊成員間也彼此分享朝著遠大目標前進的感受。

因為很重要，所以再次強調，「你無法只靠一己之力達成十倍成果」。

為了實現「十倍目標」，根據「10X」機制需要進行以下四個步驟：①設定「十倍目標」；②專注於「喜歡」、「擅長」、「有益於他人」、「可產生收益」這四項條件；③比起「怎麼做」，更重視「與誰合作」；④建立團隊並將其「系統化」。在這些步驟當中，不可或缺的要件是：與團隊和成員之間的攜手合作。

雖然我自己在理智上也明白「與團隊成員的合作必不可少」，但有時還是會不自覺地回到過往那種「必須靠自己完成」、「也許自己做比較輕鬆」的想法。

對於改變這種根深柢固的思維方式，「正向力提升」可謂是特別有效的方法。「正向力提升」的實行，也可成為重新審視自己與團隊合作的契機。

如果定期進行「正向力提升」，不僅能加深你與團隊成員之間的羈絆，也可為達成「十倍目標」的四個步驟注入能量。

第四章 10x

經營事業比起「怎麼做」，更重要的是「與誰合作」

無法達成目標的人思考「怎麼做」；達成十倍成果的人思考「與誰合作」

10x

大幅加速達成「十倍目標」的方法

有一種方法可以大幅加快達成「十倍目標」的速度。這個方法就是將思維從「該怎麼做」切換為**「與誰合作」**。

很多人在想要達成目標或克服困難時，首先會思考「該怎麼做」。然而，對於自己「不喜歡」或「不擅長」的事情，與其花時間去思考「怎麼做」，不如思考「與誰合作」。比起親力親為，與他人合作不僅速度大幅提升，而且還能創造出高品質的工作成果。

舉例來說，當一個既「不喜歡」也「不擅長」電腦或IT相關事務的人，要為公司製作網站，他可能會先上網搜尋資料、閱讀相關書籍，或是報名相關課程。但是，從「10X」機制的觀點來看，這些都不是最適合的做法。

即使能以上述方式完成製作網站的工作，但不僅會耗費大量時間和精力，而且與專業人士製作的成果相比，品質相形見絀，成本效益和時間效益都不盡理想。

就「10X」機制所重視的「與誰合作」而言，首先要思考的是：「誰能幫助我製作網站？」如果能找到在這方面具有獨特能力的「人選」，成果將遠勝於親力親為，不僅速度更快，也能打造出高品質且符合目標的網站。

當你思考「誰能幫助我製作網站」時，我認為會出現幾個選項——你可以外包給專業網頁設計師、拜託公司內部的設計師，或是向擅長且喜歡製作網站的同事、朋友尋求建議。請基於上述選項，思考：「誰能替代自己達成這個目標？」

若以這個角度來思考，你就能從眾多選擇中篩選出最合適的「人選」。此外，我想製作網站應該也有其預算限制，所以要在預算範圍內評估各個選項，選擇效果最好的「人選」。

思考「怎麼做」而造成的損失

如果是自己既「不喜歡」也「不擅長」的事情，做起來不僅耗費時間，甚至可能會出現一再拖延，導致最後無法達成目標的情況。

剛才提到的製作公司網站的案例，其實是我的親身經歷。一開始，我查詢資料和學習相關知識，試圖自己製作網站，但由於不斷拖延，最後未能完成目標。

此外，在我所經營的教練指導事業，最初也是先思考「怎麼做」，打算自己動手剪輯 YouTube 影片。我報名了影片剪輯課程，也購買了專業工具，雖然已經花了不少錢，但最終我仍深刻體會到一件事：交給專業的影片剪輯師處理，不僅能大幅節省時間，完成後的影片品質也遠遠高於自己製作的影片。

回顧過去，如果我不執著於自己該「怎麼做」，而是從一開始就思考「誰能代替我達成這個目標？」我想我應該就不會白白耗損時間、精力和金錢了。

如果執著於「怎麼做」，還會失去另一樣東西，那就是「自信」。

自信即「相信自己有能力實現目標」。然而，如果你一直努力做一些自己既不喜歡也不擅長的事，又一再拖延到最後無法完成，難免會覺得自己離實現目標越來越遙遠，以至於失去自信。

此外，更有研究結果顯示，拖延不僅損害幸福感，還會讓人產生罪惡感，甚至會產生憂鬱等影響心理健康的症狀。

經歷過製作網站和剪輯影片的痛苦經驗，我現在已經轉變為「10X」機制的思維方式，也就是比起「怎麼做」，更重於思考「與誰合作」。事實證明，思考「與他人合作」，可以用更快的速度達成更大的目標。

把「怎麼做」轉換為「與誰合作」以創造時間和精力

將「怎麼做」轉換為「與誰合作」，可以節省多少時間？

一個人在一天內能處理的工作量是有限的。尤其遇到自己既「不喜歡」也「不擅長」的工作時，往往會消耗大量的時間和精力。

舉例來說，假設你正在著手一個製作公司網站的專案計畫。其中一個方法是：自己獨力完成所有任務。但是，正如我之前分享的失敗案例，如果這不符合自身的獨特能力，而需要額外花時間學習，從「10X」機制的觀點來看，這種做法就不是最好的選擇。因為不僅耗費大量時間，還會做出品質低劣的成品。

10x

另一方面，你也可以不由自己完成所有任務，而是委託給擅長製作網站、具備獨特能力的人來負責此項工作。這樣一來，你應該就能擁有一個比自己做得更快，品質也更好的網站了吧？

至於網站建置成本，這跟你全心投入能發揮獨特能力的工作時相比，哪一種方式在時間效益與成本效益上的表現會更好呢？

請你將自己在不符合獨特能力之工作上所投入的時間；以及將思維從「怎麼做」轉換為「與誰合作」後可節省的時間，以數值呈現。

若你決定自己製作網站，連同搜尋相關資料和學習的時間在內，可能總共需要兩百小時；另一方面，如果將這項工作交給網站設計師，包含釐清需求和確認內容所需的時間在內，快者應該二十小時就能完成。

將思維從「怎麼做」轉換為「與誰合作」之後可見，與自己製作網站相比，交給他人可能只需要十分之一的時間就能做出品質更好的成果。那麼，如果把節省下來的一百八十小時用在可發揮自身獨特能力的工作上，又會創造出多少價值呢？

儘管我並不具備製作網站的獨特能力，當時依舊硬著頭皮自己製作網站和剪輯影片，為此經歷了一番苦戰。但如果在那之前，我能將思維從「怎麼做」轉換成「與他人合作」，並透過量化的方式比較一下兩者所耗費的時間，相信我肯定會選擇「與他人合作」的方案吧！

如果你也正在做一些不屬於自身獨特能力的工作，請計算一下這項工作需要多少作業時間？假使改成「與他人合作」，你又能夠節省多少時間？然後再計算看看，如果將節省下來的時間投入符合自身獨特能力的工作上，你可以創造多少收益？

如何啟動「典範轉移」，改變工作量上限？

當一個人投入了大量工作時間，卻無法達到預期成果，表示他遇到了某種瓶頸。

為了突破這個瓶頸，就需要啟動「典範轉移」（Paradigm Shift）（例如：某個時代被視為理所當然的價值觀等，發生了劇烈的改變）。

如果將突破瓶頸前的階段稱為典範一，那麼典範一就是指「一個人就能達成目標」、「我不需要他人協助」的狀態。

能獨立完成工作固然是很重要的能力。但是，任何事情都不願意委由他人處理，只想靠自己獨力完成的做法就有待商榷了。我把這種情況稱為**「固執的個人主義」**。

如果執著於典範一「固執的個人主義」思維，那麼就只能在自己的能力範圍內產出成果。

相對於典範一，典範二的思維更重視「與他人合作」，而非自己能「怎麼做」。自己「不喜歡」也「不擅長」的工作，可以交給具有獨特能力的人來完成。

無論是我，還是我周遭的個人創業者，從過往的經驗來看，在沒有團隊支持、單打獨鬥的情況下，普遍會在大約一千萬~三千萬日圓的範圍內，遇到「年營業額的壁壘」。

也就是說，在典範一「固執的個人主義」思維背景之下，無論在工作上投入多少時間與熱情，年營業額可能都很難突破三千萬日圓的瓶頸。

然而，**如果將思維從典範一轉換為典範二，也就是比起「怎麼做」，更重視「與他人合作」，不再自己一個人單打獨鬥，而是以團隊合作的方式充分發揮各自的獨特能力，就能在更短的時間內創造年營業額超過三千萬日圓的成果。**

如果將自己既「不喜歡」也「不擅長」的工作交給具有獨特能力的人處理，並將節省下來的時間投入到能發揮自身獨特能力的工作之中，那麼能夠處理的工作量上限就會大幅提高。

再加上，由於對自己既「喜歡」又「擅長」的工作，能帶著滿滿的能量和熱情持續投入，所以也會進一步強化工作技能。只要持續深耕這項工作，自身的獨特能力也將持續提升。

如果能夠全心全意投入可發揮獨特能力的工作，你也會因為每天從事自己既喜歡又擅長的工作，而得以享受工作的過程。

你會選擇哪一條道路呢？是要為了達成目標，忍受自己既「不喜歡」也「不擅長」的工作？還是全心投入既「喜歡」又「擅長」的工作，並與團隊成員同心協力達成目標？

與其為了達成目標勉強自己忍受既「不喜歡」也「不擅長」的工作，每天過著充滿壓力的生活；倒不如在工作中享受過程，這種方式才會讓自己更有動力，不是嗎？

重視「與他人合作」時所看到的世界

如果將視角從「怎麼做」轉換為「與他人合作」，你將會看見一個以前所無法看到的世界。

利用節省下來的時間，你可以專注於能發揮獨特能力的工作，進而創造出更豐碩的成果。

這些節省下來的時間，未必全部都得用來工作，也可以用來陪伴你生命中的重要他人。

換句話說，你除了可以利用這些節省下來的時間擴展事業，亦可以選擇利用這些時間享受自由時光。

此外，只要減少親力親為的事項，就結果而言，也是節省了時間和精力。這些節省下來的時間和精力便可以用來自我成長或增加休息時間。

透過自我成長的學習，不僅能獲得新的技能與知識、磨練自己的獨特能力，也能將其靈活運用於事業上。

正如「身體是本錢」這句話所言，身體健康很重要。適當的休息，才能培養出創造事業成就所需的專注力和耐力。

此外，擁有充分休息和放鬆的時間，不僅可提高創造力，也能做出更加靈活且有效果的決策。

在人生當中，我們能使用的時間有限。別再為了「不喜歡」或「不擅長」的事情拚命努力，浪費自己的寶貴時間了。

只要放下那些自己「不喜歡」或「不擅長」的工作，就能創造出更多屬於自己的時間。這不僅能讓你的內心得以解脫，也更能把時間用在真正想做的事情上，朝著實現「十倍目標」的方向邁進。

把工作交給他人需要「勇氣」

10x

不要害怕將工作交給他人

無論是經營者、創業家還是專案領導者，責任感越強的人，往往越傾向於親力親為，把所有工作都攬在自己身上。但是，**想要創造十倍成果，必須克服這種恐懼，把工作放心地交給他人處理**。

誠如前述，想要使成果最大化，就必須進行思維的典範轉移，全心全意地投入自己具備「獨特能力」的工作，並將其他工作交給具備相關獨特能力的人處理。

丹・蘇利文曾說過：「願意放手將工作交給他人，就是成長和成功的關鍵。」

「10X」機制不是以長時間工作來獲取成果的傳統思維，而是去超越自身能力和時間的限制，追求十倍成果。為了實現這個目標，不能只依靠自己的能力，也還要善於運用他人的獨特能力。

如果將焦點放在把工作交給「合適人選」，那麼當身為領導者的你想要達成遠大目標，就必須將工作交給具備專業技能、知識和經驗的人。

舉例來說，假設你是專案計畫的負責人，卻不信任團隊成員，採取微觀管理、試圖掌控一切——這種方式將會阻礙團隊成員發揮自主性和獨特能力。

說到這裡，我想坦白一個讓自己感到羞愧的失敗經驗。其實我以前也曾經採取凡事插手的微觀管理。

當時為了按照自己設想的方法推動專案計畫，團隊成員所提出的其他想法和方法全都慘遭否決，我要求他們按照我的指示執行。

而且為了確認他們是否按照我設想的方法和時程進行，我還要求團隊成員在每個階段都要向我報告。

最後情況怎麼樣了呢？結果就是，雖然如期完成了專案計畫，但團隊成員士氣低落，完全喪失了自主性和創意思維。此外，由於採取微觀管理，我自己也耗費了大量時間和精力。現在回想起來，我也深刻反省，當時的自己真是一個很糟糕的領導者。

想要提高專案計畫的成功機率並實現遠大的目標，關鍵在於：要避免自己一手包辦所有工作，或是採取微觀管理；反之，應根據個人的獨特能力，將工作委託給值得信賴的團隊成員或專家。

能夠帶來十倍變革的專案領導者，其職責就是明確地傳達願景，並恰如其分地將工作交給團隊成員處理。

此外，將工作交給其他人處理並不是一種「剝削」。將工作交給其他人處理，不僅讓對方有成長的可能，同時也提供他們累積工作實績的機會。鼓起勇氣把工作交辦出去，也能讓被委託的人「認為自己是重要的存在」。

將工作交給他人，本身就是基於希望培養對方，或期望他有所成長的心情才能做到的事。

將工作委託給他人時的「課題」與「對策」

將工作委託給他人需要「勇氣」。尤其是要把自己長期擔任的工作交付給別人時，對許多人而言更是困難重重。

但是，若想創造十倍成果，就不能執著於自身的能力和經驗，在面對團隊成員時，也不可缺少信任和合作精神。

藉由承認自己的極限，將工作委託給值得信賴的團隊成員或專家，不僅能改善整個組織的績效，也會開創大幅提升成果的可能性。

有些人無法將工作交給他人處理，這類型的人傾向於認為「自己動手做比較快」、「自己來做會更順利」。

自己動手處理，的確有可能更快獲得成果——不僅省下交付工作後，需要教導對方的時間和精力，也能避免因委託他人而失敗的風險。

不過，**真正重要的不是從短期觀點來講求當前的速度快慢，而是從長遠的眼光追求事業的成功**。如果凡事親力親為，可能會剝奪團隊成員成長的機會。值得再次重申的是，能將工作委託給他人處理，並讓自己與團隊成員皆全心投入自身的獨特能力，才能進而讓整個組織的力量發揮至極限。

此外，因試圖節省成本，以至於無法透過雇用員工或外包等方式，將工作交給他人的情況也不在少數。成本管理確實是一項重要的因素，但僅僅節省開支，真的能成為成功的關鍵嗎？

另一方面，投入成本雇用員工或委外處理，以適才適所的觀點將工作交給適當的人，不僅能確保更高的工作品質和效率，還能提升整個組織的競爭力。

對於能夠創造十倍成果並帶來變革的領導者而言，不執著於自身想法也很重要。不單是延續過往的想法或做法，而要能接納團隊成員的看法和意見回饋，讓團隊成員得以運用自身的獨特能力、發揮創造力，進而為企業帶來單憑個人無法達成且超乎想像的成果。

丹・蘇利文自己也說過：「過去的我不會分享自己的想法，也難以接受他人的意見回饋。」但據說當他鼓起勇氣分享自己的想法，並開始接受他人的想法和意見回饋後，便實現了單憑自己的想法無法達成的巨大成果。

「委派工作」代表你「信任」團隊成員

實際上，當我在參與經營的公司裡擔任專案計畫負責人時，也鼓起了勇氣將工作交給他人處理，這個決定，成為後來變革的契機。

當時公司正推動「在醫療領域開拓新市場」的專案計畫，並由我擔任專案負責人，團隊內有六名成員與我一起工作。

這項專案計畫若是成功，將有望帶來拓展市場的重大機會，但與此同時，為了進軍新市場，公司需要投入資金，而且也存在著失敗的風險。

一開始時，包括我在內的高階主官全程參與專案計畫的細節，採取明定具體方針與策略的管理風格。然而，其實以我個人的能力與經驗，很難做到面面俱到，所以我覺得應該充分發揮每位團隊成員的獨特能力。

於是，我鼓起勇氣將特定的任務和責任適才適所地分配給不同的團隊成員。具體來說，我將市場調查和競爭對手的分析交給了具備專業背景的團隊成員；而制定產品策略的工作，則交由擅長產品開發的成員主導。

我選擇如此做法的結果是——團隊創造出了我自己意想不到的構思，而且也能更快速、更精確地做出決策。

當時的我本以為「必須由自己掌控一切」，但實際情況卻恰恰相反。**團隊成員在各自的專業領域發揮領導力，主動提出想法並推動工作進展的態度，才是成功開拓新**

市場的關鍵所在。

除此之外，當我開始將工作交付給他人時，我自己在團隊中的角色也隨之產生了變化。

起初，我的工作以下達指令為主，但後來，我漸漸地開始與團隊成員合作，一起擬定實現目標的策略。這種改變有助於建立起一種靈活、有彈性的組織文化。

最終，我們成功進軍新市場，並實現了原先設定的銷售目標。我深信這是我們營造出了讓每位團隊成員都能發揮自身能力的環境，並擁有「將工作交給他人的勇氣」所帶來的結果。

親自參與所有事情、由自己掌控決定權、事事指手畫腳的做法，或許在心理上會覺得比較輕鬆吧？正因如此，要求自己放棄對一切的掌控，信任團隊成員並將工作交給他們，確實是一件需要勇氣的事。

將工作委託給他人，這件事說起來容易，做起來卻不簡單，甚至可能在心中產生一些矛盾。在這種時候，**身為一位能帶來十倍變革的領導者，在與人相處時得要告訴自己：最重要的心態就是——如果成功了，要歸功於團隊成員；如果失敗了，責任由自己承擔。**

團隊在朝著目標前進的過程中，身為能帶來十倍變革的領導者，除了要接受團隊成員的失敗和不足之處，也必須有一切責任都由自己扛的覺悟。

透過將工作交給他人，讓整個團隊的能力發揮至極限，團隊就會齊心協力、互相彌補對方的不足之處，並朝著遠大的目標前進。

「交付工作」並不是把自己不喜歡也不擅長的事情強加於人

比起「怎麼做」更重視「與他人合作」的思維，具有雙向作用

10x

我先前曾提及，比起「怎麼做」，「10X」機制更重視的是「與誰合作」，面對自己不喜歡也不擅長的工作，就應該交給將這項工作視為其獨特能力的人。然而，有些人可能會質疑：「這不就只是把自己不喜歡也不擅長的工作硬塞給別人嗎？」

或許也有人認為：「話說回來，基本上就沒人會想做既『不喜歡』也『不擅長』的事。這不就是為了把自己不想做的工作推給別人的藉口嗎？」

然而，「把工作交給他人」並不是將自己「不喜歡」也「不擅長」的事情強加諸

於人。而是將自己「不喜歡」或「不擅長」的事情交給「喜歡」或「擅長」的人。

想要創造十倍成果，就不能因襲過去那種「以長時間工作來取得成果」的方式，而是要選擇能夠發揮自身獨特能力的工作，並轉換成與周遭人合作的思維。這才是成功的關鍵。

為什麼將工作交給他人會與成功有關聯呢？**原因就在於，其他人擁有自己所沒有的技能、知識和經驗，將工作交給對方，便可以充分運用這些能力。**

當我參加策略教練公司的「十倍雄心課程」時，發生了一件令我印象深刻的事情。丹・蘇利文正在講課，談及比起「怎麼做」，更重要的是「與誰合作」這一點時，他提到：「將工作交給他人時，依據的是對方的獨特能力。」接著他請策略教練公司的一位女員工站到大家的面前。

這位女員工在自我介紹時充滿熱情地談到，她的獨特能力是整理文件和資訊。隨後，丹・蘇利文向學員們說：「需要她協助的人請舉手。」結果包括我在內，在場的所有人都舉起了手。

據說參加策略教練公司課程的學員，包括企業家在內，有很多人善於採取行動，也具備良好的表達能力，但卻不太擅長寫作或整理資料等作業。

藉由將工作交給他人，可以讓自己的時間和資源安排達到最佳化。由於每個人可使用的時間皆有限，所以把自己不擅長的工作交給擅長的人，將精力集中在自己擅長的事情上，就能提高生產效率。這樣一來，不僅能創造出更多成果，也能促使自己的事業或專案計畫有所進展。

此外，把工作交付給他人，不僅僅只是為了提升工作效率，對人際關係來說也很重要。

團隊成員不但能共同努力實現願景，還會透過相互支援加深彼此之間的羈絆。如果能建立充滿信任、尊重和擁有心理安全感的人際關係，整個團隊的工作動力和創造力也會隨之提升，進而實現更加豐碩的成果。

想要打造出能發揮獨特能力的團隊並實現十倍成果，不僅要願意將工作交給他人，讓自己成為團隊中不可或缺的「重要角色」也很重要。身為團隊的一員，你要讓自己成為其他成員心目中能提供援助、能攜手合作的人，並為團隊貢獻一己之力。

比起「怎麼做」，更重要的是「與誰合作」，這種思維不只會給自己帶來改變，也能對團隊成員產生影響。讓其他人成為團隊中「重要角色」的同時，自己也會成為其他人心目中的「重要角色」。

將工作交給他人並非僅僅是任務分工，也是促進成功的策略。團隊成員支持你，你也支持團隊成員。以「10X」的思維為基礎，與團隊成員攜手合作，建立起信任與尊重的羈絆，最終就能實現更豐碩的成果。

實現「十倍目標」的領導力核心在於明確的願景

需求越明確，越能找到合適「人選」

「明確的願景」是帶領團隊達成「十倍目標」的基礎。**當領導者擁有明確的願景，並將其傳達給團隊或組織，團隊成員就會朝著共同的願景前進。**

若能基於「10X」機制的思維，跳脫過去框架，提出大膽的願景和目標，就能讓自己和團隊都將能力發揮到極限，有助於創造豐碩的成果。

有了明確願景，團隊需要的人才樣貌也會更加具體。這樣一來，在招聘或建立夥

10x

伴關係時，便更容易找到對願景有共鳴、願意一起工作、為達成目標而努力的人才。

願景越明確清晰，領導者就能越快找到符合自己需求並具備獨特能力的人才。

「花三十分鐘節省三十天」的計畫表

由丹・蘇利文開發的**「影響篩選表」**（Impact Filter）有助於釐清願景。

「影響篩選表」的意思是「篩選出具有影響力的因素」，利用這個架構可以梳理出實現願景所需的重要因素，並以此為基礎採取行動。透過這個架構，領導者可以定義實現願景的目標、重要性以及成功的標準，並與團隊共享這些資訊。

「影響篩選表」是由以下問題所構成的一張表：

- **專案計畫：專案計畫的內容是什麼？**

- **目標：你想要達成什麼？動機是什麼？**
- **重要性：這會帶來怎樣的差異？為什麼這很重要？**
- **理想結果：對於完成專案計畫的想像是什麼？最後會帶來什麼結果？**
- **最佳結果：如果自己採取行動，可以實現什麼？**
- **最糟結果：如果自己不採取行動，會面臨什麼風險？**
- **成功標準：具體來說，要獲得怎樣的結果計畫才算成功？**

透過回答「影響篩選表」的問題，不僅能讓自己的願景更加明確，也可將專案計畫的目標、重要性以及理想結果用言語表達出來，與他人共享。

除此之外，「影響篩選表」也會要你列出最佳結果與最糟結果，所以當團隊投入這項專案計畫時，同時也理解了「可以實現什麼」和「面臨哪些風險」。

如果在思考專案計畫時，不只列出最佳結果，也考量到了最糟結果；那麼，在想到採取行動的好處之餘，也同樣會思考不採取行動的壞處，將「損失迴避偏差」

影響篩選表™

1. 專案計畫			
目標	想要達成什麼？ 動機是什麼？	成功標準	具體來說，要獲得怎樣的結果計畫才算成功？
		1	
		2	
重要性	如果這會帶來差異，最大的差異是什麼？ 為什麼這很重要？	3	
		4	
		5	
理想結果	對於完成專案計畫的想像是？	6	
		7	
		8	

2. 推銷自己		
最佳結果	如果自己採取行動，可以實現什麼？	
最糟結果	如果自己不採取行動，最糟糕的結果會是什麼？	

姓名：　　　　　　　　　日期：

（Loss Aversion Bias）也一併納入考量範圍內。

所謂的「損失迴避偏差」，是指一種對大多數人而言，「損失的痛苦」程度比「獲利的喜悅」強烈兩倍以上的心理特徵。

「如果自己不採取行動，將會面臨什麼風險？」這個問題的答案會成為驅使一個人採取行動的強大原動力。

透過以上過程，以具體的數值和期限明確地呈現出「要獲得什麼結果，這個計畫才算成功？」能使團隊成員與目標方向一致。

這張「影響篩選表」也可以用來當成九十天計畫表中的一頁。

舉例來說，以口頭方式傳達自己的願景，向每個人一一說明相同的內容並讓他們充分理解，非但不是一件容易的事，而且還會耗費大量時間。

但只要完成這張「影響篩選表」，即可在短時間內與團隊分享自己的願景。

丹・蘇利文曾說過：「實際使用這張『影響篩選表』，讓我做到只花三十分鐘就節省了三十天的時間。」使用「影響篩選表」之前，由於自己的想法尚不明確，在這種狀態下向每個團隊成員說明，既無法充分闡述，每位成員在聽完說明後的解讀也各不相同，導致難以達成共識（想要知道詳細內容的人，不妨參考丹・蘇利文和班傑明・哈迪合著的《成功者的互利方程式》一書）。

在開始使用「影響篩選表」之前，我個人也會在啟動新的專案計畫時，對團隊成員進行個別說明。其中，有些情況甚至連專案的目標或成功標準都尚未明確，導致團隊成員難以形成共識，而我也為此吃盡了苦頭。

自從開始充分運用「影響篩選表」後，現在我只需花三十分鐘回答上述問題，即可釐清自己的願景。

不但如此，還可以快速地向團隊成員分享專案的願景、重要性以及成功標準，在提升速度和績效方面的效果自不待言。

如何選擇表現最佳的「合適人選」

列出「合適人選」、「活用領域」、「薪酬金額」、「對事業的影響」

10x

透過「影響篩選表」確定自己的願景後，下一步要思考的不是「如何實現」，而是：「誰能幫助我實現這個願景？」

如果你既「不喜歡」也「不擅長」尋找「人才」，那麼建議你先問問自己：「誰能幫我實現這個願景？」並開始尋找這個「合適人選」。

如果當下沒有這樣的「合適人選」，亦可考慮以招聘或外包的方式，甚至專門招募「喜歡」且「擅長」尋找「人才」的團隊成員。

那麼，究竟要考慮哪些因素才能夠找到效果最好的**「合適人選」**，讓事業成果最大化呢？

首先是關於選擇「合適人選」這一點。在尋找表現卓越的人才時，不僅僅要考慮對方的技能和經驗，價值觀、工作動機的契合度也同樣重要。你要選擇能對你的願景和目標產生共鳴，並能為整個團隊的發展方向做出貢獻的人才。

從這個觀點來看，藉由共享「影響篩選表」可以確認對方是否認同自己的願景和目標。如果在共享之後發現彼此的願景並不一致，則無需勉強合作。

就如同字面上的意思，「影響篩選表」就像是一台過濾器，能發揮篩選專案合作夥伴的作用。

接下來，要考慮**「在哪個領域」**活用這些人才。將人員分配到合適的位置上，才能夠使成果最佳化。重要的是，要考慮每個人的技能組合和專業知識，並根據這些特點分配適合的任務。

此外，**「薪酬金額」**也是要納入考量的因素之一。對於最優秀的人才，你必須提供與他工作表現或貢獻度相匹配的報酬和獎勵。建立完善合理的薪酬制度，可以提高人才的工作動力和忠誠度。

「對事業的影響」也是重要的考量因素。在選擇人才的時候，需要評估他們能為事業帶來什麼價值、能創造什麼成果。同時也要辨別對方的能力和經驗是否能促進事業成長或提升競爭力。

最後一項需考量的因素則是**「可能帶來什麼其他影響」**。一個人才對團隊或企業組織的影響絕對不容小覷。我們亦需要思考這個人才會對團隊的合作體制帶來什麼影響，或能否提升團隊綜效。

舉例來說，根據獨特能力來分配工作時，對方不一定必須是專家。

即使是缺乏相關經驗的新進員工，只要這項工作是他的專長領域，而他也能充滿熱情地投入工作，為了新進員工和組織的成長著想，即便直接判斷讓這位新進員工接手該項工作也無妨。因為這名新進員工很可能蘊含著以全新思路創造成果的潛力。

綜合考量前述的「合適人選」、「活用領域」、「薪酬金額」、「對事業的影響」以及「可能帶來什麼其他影響」等因素後，你就能選出效能最好的「合適人選」。

這裡所選擇的「合適人選」，是指現階段最具效果的「人才」。隨著你的獨特能力和影響力進一步提升，你能夠遇見、聯繫和接觸到的「合適人選」層級也會有所不同。而你所能給予的「薪酬金額」也會隨之改變。

判斷「合適人選」的關鍵問題

當你分享了「影響篩選表」，也找到「能夠幫助自己實現這個願景」的候選人之後，有一個關鍵問題可以幫助你判斷這個人選是否合適。

「假設你在三年後又與我相遇，而我們一起回顧起過去三年。那時的你對自己的成長感到幸福，你認為是因為自己的人生在個人或工作上，發生了什麼變化呢？」

這個問題可以幫助你判斷未來與對方的關係。世界上有數不清的「人選」。藉由詢問對方這個問題，你可以了解對他的未來而言，什麼是重要的事情。

如果從對方的回答中，你能感受到他想要與你建立人際關係的意願，那麼這個人就是能夠幫助你實現願景的「合適人選」。

實際上，在我目前參與的事業中，一起工作的夥伴們對於這個問題的回答都是：「藉由（與我）一起工作，無論在個人和工作方面都有所成長，不僅感覺幸福，也希望能實現更遠大的未來。」

當你在尋找「能幫助自己實現願景的人」時，我想應該有一部分人的想法是希望延續與過去相同的未來；而另一方面，也有人想要擺脫過去的框架，朝著實現自己所認同的願景邁進，渴望更遠大的未來。

此時，**請選擇想要與你一起實現更遠大未來、攜手共創將來價值的人**。當你找到這樣的夥伴時，你也會成為對方所需要的「合適人選」。

第五章 10x

建立團隊並將其「系統化」

以「團隊」為單位，集結眾人之力實現「十倍目標」

躲在臥室裡領悟到的「10X」啟示

儘管現在的我已經能做到在創造十倍成果的同時也擁有自由時間，但在採用「10X」機制的思維之前，正如本書開頭所提到的，我每天都從清晨忙到深夜，平日幾乎沒有時間與妻子和孩子相處。

先前也曾提過，即使是週末，我也常常忙於工作，結果導致身心俱疲，遇到休假日便整個人陷入憂鬱狀態，只能把自己關在臥室裡。

10x

若要問起休假日躲在臥室裡的時候，我都在做些什麼——儘管有些羞於啟齒，但我還是要向各位坦承，那段時間我常常躺在床上用手機看漫畫。因為不想去思考從星期一開始即將要面對的大量工作，於是我選擇逃避現實。

我看了什麼漫畫呢？那就是《航海王》（ONE PIECE）和《王者天下》（キングダム）。當時，我在現實生活中被繁重的工作壓得喘不過氣，總覺得所有的事情都得自己承擔責任，幾乎要被壓力擊垮。然而，與我相反地，這些漫畫中的主角和夥伴們各自發揮所長、並肩奮鬥，看到這樣的故事，我不禁感到羨慕，心想：「我也希望有朝一日能夠遇到這樣的夥伴。」

我躲在臥室裡看這些漫畫時，當然還對「10X」一無所知，但現在回想起來，這兩部漫畫裡都存在與「10X」有關的共同點。

在《航海王》中，主角魯夫高喊：「我要成為海賊王！」；而在《王者天下》中，主角李信則表示：「我要成為全天下的大將軍。」兩人都從故事一開始就宣示了自己的宏大願景。說不定，我正是被這種「先設定目標」的樣子深深吸引，而這一點也是與「10X」的共通之處。

魯夫和李信兩人都擁有宏大的願景並且不斷地挑戰，這與「10X」所主張的跳脫過往框架、設定十倍目標、勇於挑戰的理念不謀而合。

此外，他們皆不是單打獨鬥，而是以「團隊」為單位，讓每個夥伴都能發揮其獨特能力，因此才能創造出僅靠個人力量無法達成的巨大成就。

如果魯夫選擇單槍匹馬展開冒險，他僅憑一己之力能完成的事情畢竟有限，我想他根本無法接近成為「海賊王」的目標。但實際上，從故事的開端，魯夫就向眾人宣告自己要成為海賊王，並透過這個願景結識了志同道合的夥伴，共同為實現「成為海賊王」的夢想而努力。《王者天下》中的李信也是如此。

魯夫和李信重視「與誰合作」勝過「怎麼做」，這個觀點也展現出與「10X」的共通之處，他們會將自己既「不喜歡」也「不擅長」的事情，交給「喜歡」且「擅長」的人處理。

例如，在《航海王》中，如果讓魯夫自己做飯一定會搞砸，所以他把這項任務交給廚師香吉士；而在《王者天下》中，李信將自己團隊「飛信隊」的軍事戰略交給軍師河了貂負責。

這些例子都顯示了相同的道理——與其親自處理既「不喜歡」也「不擅長」的事情，不如交給「喜歡」且「擅長」的人去完成，這樣才能創造出更好的成果。

《航海王》和《王者天下》與「10X」的相同及相異元素

至止，我已經說明了「10X」與《航海王》和《王者天下》之間的共同元素。而實現「十倍目標」的四個步驟，分別是①設定「十倍目標」、②專注於獨特能力、③比起「怎麼做」更重視「與誰合作」、④建立團隊並將其「系統化」——上述內容大致上與《航海王》和《王者天下》有許多重疊的部分。

儘管提到了《航海王》和《王者天下》，但我們在日常生活中並不會與其他海盜集團或國家作戰。

在商業領域中，或許可以將其解讀為對抗競爭對手或敵對公司，但無論處於什麼樣的競爭環境，只要能做到確實為客戶提供商品或服務價值，最終都將獲得客戶的認同並使事業有所成長。換句話說，「我們沒有必要強行擊垮競爭對手」。

特別是基於「10X」機制的思維方式來思考的話，與其說要與競爭對手或敵對公司展開「競爭」；不如說該藉由跳脫既有框架的想法，來創造出對顧客有幫助的「價值」。

因此，**重要的不是與他人比較，而是邁向讓自己心滿意足的人生道路**。接下來，本章將著眼於「十倍思維」的商業世界，一一闡述如何實現「系統化」以及如何發揮績效。

根據「10X」建立團隊「系統」的方法

如何將致力於實現十倍目標的團隊「系統化」？

說到根據「10X」機制建立團隊「系統」的方法，其實到目前為止，本書也已經介紹過了「系統化」的過程。因為實際上，**實現「十倍目標」的三個步驟本身就是邁向系統化的過程**，接下來，我將再次整理並進一步說明。

首先，我已經說明過實現「十倍目標」的第一步：如何設定「十倍目標」，並也介紹了「十倍思維躍進法」等工具。

而在確定了自己想要實現的「十倍目標」的具體數字之後，要去想像實現這個目標的未來景象。這種方式就像未來的自己用回顧過往的角度提出問題，能幫助我們擺脫既有做法，從想像的觀點進行思考。雖然一開始是自問自答的形式，但建立了團隊之後，比起自己閉門造車，團隊合作更具有成效。

關於第二個步驟：專注於「喜歡」、「擅長」、「有益於他人」、「可產生收益」四項條件。先前已根據「ＡＢＣ模型」說明，這是聚焦於獨特能力並實現突破的思考過程。團隊可透過「ＡＢＣ模型」，每隔九十天重新檢視工作比例並加以改善。

此外，我也提到在實踐「ＡＢＣ模型」的過程中，想要改變原本熟悉的工作內容是一件需要勇氣的事，我們要按照第一步所介紹的「４Ｃ」順序依次進行，首先要下定「Commitment」（決心），然後鼓起「Courage」（勇氣）迎接挑戰，進而培養出「Capability」（能力），最終建立「Confidence」（信心）。

第三個步驟是：比起「怎麼做」更重視「與誰合作」。在這個步驟中我提到了可利用「影響篩選表」來釐清實現願景的目標、重要性和成功標準等等，並與團隊共享，也可將這張表格當成為期九十天的計畫表來使用。

此外，我也說明了為選出效果最好的「合適人選」，需要納入考量的具體因素和用以做出判斷的關鍵問題。另外，對於不屬於自身獨特能力的事情，亦有說明將思維從「怎麼做」轉換為「與誰合作」，可以節省多少時間以及如何將其量化。

至於最後的第四個步驟：建立團隊並將其「系統化」，則是要將第一至第三個步驟所介紹的過程付諸實行——這就是實現「系統化」的第一階段。

實現「十倍目標」的「系統化」

在此要提出一個問題。

當你聽到「系統化」這個詞，會聯想到什麼？

所謂的「系統化」，一般而言是指排除特定個人因素，無論在任何時間、任何地點、不管由誰來執行都能產生相同成果的方法。

另一方面，以**「10X」為基礎實現「十倍目標」的「系統化」，則是在善用個人特質的同時，創造具有再現性的工作方式**。

達成「十倍目標」的第二個步驟，就是專注於「喜歡」、「擅長」、「有益於他人」、「可產生收益」這四項條件，而且比起「怎麼做」，更重視「與誰合作」，在靈活運用人才的同時，也要追求不管由誰執行都能得到相同結果，亦即採用「具有再現性」的方式來推動事業成長。

「系統化」的第二階段就是將這些概念轉化為「有系統」的方式，以便採取具體行動。接下來，我將具體說明如何將這些概念轉化為「系統」。

為了實現「十倍目標」，需落實「系統」運作

如何設定實現「十倍目標」的里程碑

在將「十倍目標」以有「系統」的方式加以落實之際，第一章曾介紹過的「十倍思維躍進法」將再次發揮作用。所謂的「十倍思維躍進法」，是指想像自己已經實現了「十倍目標」的未來景象，並透過未來的自己回顧過往觀點來擺脫既有做法，並從想像的觀點來思考、設定目標。

目標是實現目的的手段，從架構上來說，目標的層級位於目的之下。我們要先利用「十倍思維躍進法」釐清自己真正想要實現的理想，再決定為了實現該目的所需的

10x

「十倍目標」數字。

由於利用「十倍思維躍進法」實現「十倍目標」的執行期間是由自己設定的，因此它會成為與自己切身相關的事情，這樣一來，即使設定了十倍的巨大目標，也有可能達成。

設定好這段期間之後，你不僅要對自己提問，也要向團隊成員提問能實現「十倍目標」的思路，這樣才有助於激發出從未嘗試過的創意思維，提高找到方法達成目標的可能性。

你可以透過活用新科技、結合自家公司和其他公司的擅長領域進行異業合作，或採納其他行業的成功案例，進而思考出有別以往的工作方法，而不是只依靠延長工時、加重工作負擔這種既有做法。

接下來，要釐清在達成目標之前的里程碑。

舉例來說，一家目前年營收為一億日圓的公司，設定了「五年後達到年營收十億日圓」的「十倍目標」之後，可以採取從未來反向推算的方式。例如：想在第五年達到年營收十億日圓，則第三年要達到五億日圓、第一年則要三億日圓等等，即使是粗略的目標也無妨，只要將其視為達成最終目標之前的階段性目標即可。

除了營業額之外，包括利潤率、客戶數等等在內，這些對於事業來說很重要的指標，也都是由團隊決定。

我們可以利用這種方式反向推算出一年後要達成的目標。

在社會上，有許多人是以過去的業績為基礎，採用「比去年成長百分之幾」的模式來決定銷售目標，但**為了在設定目標時能擺脫既有框架，「10X」是以「從未來反向推算」的方式設定目標**。

每九十天使用「影響篩選表」，朝向十倍目標努力前進

一旦確定一年後要實現的目標，此時就能開始製作為期九十天的計畫表——也就是「影響篩選表」了。

計畫的數量不限，可以多項計畫同時進行，不過，為了在一年後能確實達成目標，要優先選擇效果最好的計畫。

選定計畫後，可透過「影響篩選表」釐清實現願景的目標、重要性和成功標準等等，與團隊共享這些資訊，並將這張表格當成為期九十天的「計畫表」來使用。

「影響篩選表」能夠明確界定成功的標準。透過數值和期限清楚地表明：「具體而言，這項計畫達到什麼結果才算成功？」而這也會成為評估組織目標達成情況的重要指標，即KPI（Key Performance Indicator，關鍵績效指標）。

請依據「SMART原則」設定成功的標準。「SMART原則」是企業及組織為了確實達成目標，用來設定目標的指導方針。

SMART是由五個英文單詞的第一個字母縮寫組成，分別代表：

S：Specific（具體的）

M：Measurable（可衡量的）
A：Achievable（可達成的）
R：Relevant（相關的）
T：Time-bounded（有時限的）

意識到這五項重要因素，便可以大幅提高目標達成的準確性。

「S」是「Specific」的第一個字母，意思是「具體的」。目標必須具體而明確。如果目標很抽象，為了實現目標所採取的行動也可能變得鬆散或模糊不清。這樣一來，距離達成目標就會變得遙不可及。

「M」是「Measurable」的第一個字母，意思是「可衡量的」。想要實行既有效率也有效果的目標管理，設定可衡量的目標至關重要。

「A」是「Achievable」的第一個字母，意思是「可達成的」。只有透過設定現實可行的目標，才能期待團隊成員對目標產生認同並採取行動。

「R」是「Relevant」的第一個字母，意思是「相關的」。「達成目標後將帶來什麼成果？」、「為什麼要實現這個目標？」確定這兩者的關係，將有助於提升並維持團隊的動力和士氣。

「T」是「Time-bounded」的第一個字母，意思是「有時限的」。無論目標多麼具體和可量化，或者多清楚知道達成目標的重要性，但若沒有設定期限，要保持高昂動力並努力達成目標也會變得很困難。

根據「SMART原則」來設定「影響篩選表」的成功標準，可以避免在九十天的計畫結束後，團隊成員還搞不清楚應該在何時達成什麼目標。

為了達成「十倍目標」，請使用「影響篩選表」，並以九十天為週期推動專案計畫。此外，也要透過提問以獲得更多思路、採納「比起『怎麼做』更重視『與誰合作』」的觀點，連同團隊的反思與改進在內，形成一套可持續執行的「系統」。

想到在一年後、三年後，甚至五年後的將來，自己和團隊將能創造豐碩的成果，難道不會覺得興奮不已嗎？

製作可達成「十倍目標」的「工作手冊」

利用「工作手冊」提供現階段最佳答案，大幅提高生產效率

在本書當中，我已講述了發揮獨特能力，以及比起「怎麼做」更重視「與誰合作」的觀點等等，一些能透過充分發揮個人特質實現「十倍目標」的方法。因此，當我又提出「製作工作手冊」時，或許有些人會覺得這種做法：「無法展現自我特色」、「這樣不就無法發揮個人特質，只能像機器一樣按照手冊內容完成工作了嗎？」、「一旦製作了工作手冊，就只能按照手冊執行工作，不是嗎？」

不過，我認為**「工作手冊」並不會扼殺個人特性，反而是能夠兼顧「發揮個人特**

質」和「提高生產效率」的工具。

總結過去在錯誤中的反覆摸索與試驗，經過一段時間累積後，在現階段能得到的最佳答案，就是「工作手冊」。由於這是根據過去的知識和經驗累積而成的最佳做法，相較於使用自己的方式從零開始，利用工作手冊肯定更能提高生產效率。

透過「工作手冊」這個範本，能讓業務和工作流程推動得更加順暢，不但可以大幅減少陷入煩惱或迷茫困惑的情況，也能縮短工作時間。

製作「工作手冊」也有助於工作品質的標準化。將工作所需要的知識和流程詳載於手冊內並與團隊成員共享，更能避免成員出現「沒有人教過我」這類的資訊落差。

如果有「工作手冊」，在進行教育培訓和工作交接時，就能減少「人力」成本。想要將工作交由他人處理，必然會涉及「教導」工作。但是，在「教導」的過程中，只靠口頭傳授的效率很差。這是因為，不同的教學者在解說方式上皆有所不同，而理解程度更是因人而異。

「工作手冊」可以降低過度依賴特定人員作業的風險。如此一來，團隊成員更可以意識到每個組織或部門都有各自的工作職責，也能降低「一旦承辦人請假，工作就無法進行」的風險。

比方說，當業務承辦人因疾病、受傷或家庭因素需要請假，或是因為某些原因離職時，為了規避風險，提前製作好「工作手冊」，讓其他人能在緊急情況下順利接手工作是相當重要的。

看過上述內容，應該不難理解製作「工作手冊」可以提升生產力的道理了吧？在「10X」機制中，「工作手冊」對於實現「十倍目標」的第四個步驟，也就是「建立團隊並將其『系統化』」也能發揮作用。我們會根據每位團隊成員的工作內容製作「工作手冊」。

或許每間公司都會製作「工作手冊」，但「10X」機制所採取的方式是由具備相關獨特能力的人來製作「工作手冊」，這意味著，將會由「擅長」這項工作的成員把自身的隱性知識（Tacit Knowledge）化為文字並呈現在「工作手冊」中，這也使得這些工作手冊更具有重要的價值。

在製作「工作手冊」時，最重要的是內容要清晰易懂，即使沒有他人口頭說明，閱讀者也能充分理解；此外，手冊內容應具備高度的再現性，即便是缺乏技能或沒有經驗的人，使用起來也不會犯錯。

建議可將手冊製作成檢查表單的形式。這樣一來，不僅可以避免遺漏，而且無論由誰來執行都不會出錯，更不會在判斷時猶豫不決，可以確保工作順利完成。

在我開始製作並運用這類檢查表格形式的「工作手冊」之前，交接工作總需要花費很長的時間，而且經常出現錯誤或疏漏。

但是，當我將工作流程按照時間順序列成清單，並使用「工作手冊」交辦工作之後，即使對方是新進員工，也能很快達到預期的工作品質。

將工作手冊作為實踐「守破離」的工具

我們不僅要製作並運用「工作手冊」，在發現更好的方法或新的原則時，也要及時地更新上去。

這本為達成「十倍目標」而製作的工作手冊，換言之，就是實踐「守破離」的工具。「守破離」是指在日本武道、茶道等藝術之道或藝術、技藝中，用來表示修練和精進過程的詞語。

- 守：忠實地遵守師父的教誨並付諸實行。
- 破：在實踐師父教誨的同時，尋找屬於自己的方法，或是吸收其他流派、資訊，打破既有模式。
- 離：精通師父的模式和自己探索的模式後，脫離師父的流派，建立屬於自己的流派和風格。

這三個階段的流程就是「守破離」。這個流程也代表一個人的成長過程，而工作手冊能加速在「守破離」中，「守」這個階段的成長。

例如：初入職場、對工作一無所知的新進員工，通常初次學習工作方法就是透過新人培訓。對於新進員工來說，守破離的「守」便是「師傅的教誨」，相當於新人教育的手冊。

在「守」的階段，工作手冊能實現工作品質的效率化和標準化。

接下來的階段，重點則要放在嘗試提升工作品質。

掌握了守破離的「守」之後，接下來就進入到「破」的階段了。此時員工在按照手冊內容執行工作的過程中，可開始用自己的方式解讀並尋求更好的形式，不斷摸索嘗試在工作中發揮自己的獨特能力，並展現「個人特質」。

舉例來說，在烹飪的世界裡，人們起初都會按照食譜依樣畫葫蘆，等到能夠穩定重現美味料理之後，就會開始加入自己的創意，以做出更合口味的料理，或是縮短烹調時間。

這種反覆嘗試和摸索，就是「破」的過程，如果能將經驗轉化成專業知識和技巧，就能在「離」的階段，將工作手冊更新為更適合自己的做法。

就「10X」機制的思維而言，為了在快速變化的時代中持續成長，必須重視擺脫既有框架的創意思維和科技的運用，而這些因素都會被納入「工作手冊」中。

一般工作手冊和「10X」工作手冊，在製作上的重要區別在於——「10X」的工作手冊並不會維持現狀、一成不變，而是不斷更新，邁向更好的版本。

工作手冊的目標並不是製作和遵守，而是基於「守破離」的精神不斷更新，在順應時代變化的同時，也持續進化。

為了達成「十倍目標」而建立的「評鑑機制」

10x

三個評鑑標準

除了工作手冊之外，對於實現「十倍目標」來說，「評鑑機制」也扮演著不可或缺的角色。

這是因為**透過評鑑機制，可以對個人和團隊的成果進行評比、確認已完成的項目、發現問題並尋求改善方案，進而使個人和團隊實現更豐碩的成果。**

評鑑的標準有三項，分別為「績效」、「能力」和「行動」。

・績效評鑑

績效評鑑是對職務負責人在指定期間內的目標達成度所進行的評鑑。除了根據「SMART原則」加以量化的目標達成率和成功標準之外，包含目標設定的合理性、對組織的貢獻度，以及與周遭人的合作關係等要素都會納入評鑑範圍內。

在績效評鑑中，也會評估身為計畫負責人或團隊成員，對於「影響篩選表」所設定的成功標準做出了多少貢獻。

・能力評鑑

能力評鑑則是針對職務負責人所擁有的技能和資格進行的評鑑。對方在指定期間內獲得的工作所需之技能或資格，以及在職務中運用這些技能和資格的情況都屬於評鑑範圍。透過能力評鑑，可以讓職務負責人的獨特能力有所成長。

・行動評鑑

行動評鑑是對日常工作態度等表現所進行的評鑑。那些組織很重視，但無法涵蓋在績效評鑑和能力評鑑內的重點，就會納入行動評鑑的項目中。

此外，團隊內部的溝通情況也涵蓋在行動評鑑之中。這點也是以「10X」機制為基礎的，目的在於避免員工獨自承擔所有工作，並將促進團隊內部溝通順暢、讓團隊成員發揮獨特能力，以及相互合作當成評鑑標準。

想要達成「十倍目標」，不是靠個人單打獨鬥，而是要依靠團隊的力量。因此不僅要考核個人表現，還要對團隊進行評鑑。建立「評鑑機制」不僅能確認個人的目標達成度，也能掌握成員對團隊的貢獻程度。

就拿我以前曾參與過的專案計畫來說，由於缺乏「評鑑機制」，成果、能力或行動均未能得到合理的評鑑，更缺乏有效的意見回饋制度，最終導致員工失去工作動力，這種情況並不少見。

此外，由於缺乏整個團隊的通力合作，即使擁有專業技能和貢獻度，獲得的薪資報酬也不成比例，結果，優秀的成員便選擇跳槽到其他公司。

在導入「評鑑機制」後，有了明確的評鑑標準，團隊成員便能理解努力的方法和目標，不僅提高了工作動力，更增加了團隊內部的溝通，促進團隊合作。

這些經驗都讓我感受到「評鑑機制」對於組織成長的重要性。

由於本書並不是講解人事評鑑制度的專業書籍，因此不會更進一步探討制定評鑑制度的詳細內容，但要記得**當你在制定實現「十倍目標」的「評鑑機制」時，其中的重點在於：設定明確的個人目標和評鑑標準**。

此外，**需要納入績效評鑑的對象不僅個人，也包括團隊；能力評鑑要著重於獨特能力的發揮；與團隊的溝通順暢度也要納入行動評鑑——請確實掌握這幾項重點。**

如果制定「評鑑機制」屬於你的獨特能力，那麼即使由你自己來制定這套機制也無妨。但如果你不擅長這件事，與其考慮「怎麼做」，不如改為思考「與誰合作」，將制定「評鑑機制」的任務交給具有獨特能力的「合適人選」。

比起追求完美，「盡善主義」的時間效益更好

10x

你是完美主義者？還是盡善主義者？

「即使認為必須去做，卻總是遲遲無法開始。」

「總是拖拖拉拉到最後一刻才交出文件。」

「為了避免在簡報時出錯，一定要製作出完美無缺的資料。」

你是否也有類似的傾向呢？

越是覺得必須做得完美，越是拖拖拉拉難以採取行動，結果這種行為本身也形成

了一股壓力。其實我以前也曾經陷入這種完美主義的困境中。

堅持以完美主義的態度做出高品質工作成果，尤其對工匠或藝術家等等職業來說，這項特質能夠發揮出正面效果。

由於完美主義者會在工作時交出不錯的成績，所以乍看之下似乎沒有問題。不過，完美主義的缺點其實也不容忽視。

完美主義者容易出現的傾向，包括：強烈的責任感、不輕易妥協、認為實現目標的道路應該是一條直線、害怕失敗、面對事物或事件常有「應該是這樣」、「應該要那樣」的想法。

他們眼中的世界只存在非黑即白的兩個極端，一旦無法達到完美境界，就很容易陷入意志消沉或精疲力竭的狀態。

特別在已建立「系統化」的工作流程中，更容易因為完美主義心態而出現「拖延」的問題。儘管心裡很清楚自己必須行動，卻遲遲無法開始，隨著時間推移，焦慮感越來越強烈；然而當截止日期迫在眉睫時，又會擔心：「這樣就可以了嗎？」

一旦想要達到完美，難免就會因害怕失敗而難以跨出採取行動的第一步。

因此，我的建議是：請意識到**「盡善主義」**這個思維方式。所謂的「盡善主義」是指在當下盡力而為——先思考過多種選項之後，挑出最佳方案並付諸實行，即使遭遇失敗也要從中學習，將失敗經驗轉化為成長的養分。這是一種將重點放在盡力而為的思維方式。

特別是那些認為自己有完美主義傾向的人，我希望你能夠意識到「盡善主義」這種思維方式。話雖如此，我想應該也有人會認為「完美主義可沒那麼容易改變」。

以下這些問題有助於擺脫完美主義。請試著問問自己：

- **完美主義的優點是什麼？**
- **為了堅持完美主義要付出什麼代價？**

- 完美主義對周圍的人有什麼正面影響？
- 完美主義對周圍的人有什麼負面影響？
- 你希望保持哪些完美主義的特質？
- 你希望擺脫哪些完美主義的特質？

提高時間效益的「八〇%法則」

為了隨機應變且靈活地推動「系統化」工作流程，有一個擺脫完美主義的有效方法，那就是「10X」機制思維中的「八〇%法則」。

與其一個人閉門造車，試圖在沒有任何意見回饋的情況下，追求達到百分之百完美的工作成果；不如在早期工作階段就將自己的想法與團隊成員分享，取得成員的意見回饋，並以八〇%為目標。

舉例來說，相較於從〇到八〇%，從八〇%到九〇%、從九〇%到一〇〇%，對於工作精確度的要求也會越來越高。

另一方面，如果遵循「八〇%法則」，那就不是要你試圖獨自完成百分之百完美的工作；而是趁早分享想法並獲得團隊成員的意見回饋。如此反而能加快工作進度，交出更好的工作成果。

由於完美主義的心態作祟，作業時很可能會出現「拖延」問題。但如果獲得團隊成員的鼓勵和協助，便會產生某種程度的強制力，讓人不再拖延並積極投入工作。

過去的我總是要求自己做到百分之百完美，而且不依賴任何人，堅持一個人完成所有任務。

自從了解並實踐「八〇%法則」之後，我學會放下完美主義，開始藉助他人的力量，以更高的時間效益來完成工作。

在實踐這個「八〇%法則」的過程中，「4C」公式也能發揮效果。而首先要做的就是，下定決心完成工作，並鼓起勇氣尋求他人的協助。

無論是跟團隊成員談論自己尚未完成的工作，或是尋求他人協助，我想對於完美

主義者來說，可能都需要很大的勇氣，但只要能夠實行這個「八〇%法則」，不僅工作可以加速，精確度也會提高。

在本章中，我們介紹了實現「十倍目標」的第四個步驟，也就是建立團隊並將其「系統化」的方法。總的來說，在進行「系統化」的過程中，並不需要一開始就追求完美，而是要將「盡善主義」的思維與「八〇%法則」相結合。透過「八〇%法則」，在早期階段與團隊成員分享自己的想法，獲得他們的意見回饋，可以促進創造力、團隊合作和創新。越早與團隊成員分享自己的想法，越能產生出色的成果。

第六章 10x

讓「10X」成為習慣，實現「豐富人生」

實際運用「10X」機制，業務營收十倍達成

10x

業務營收成長超過十倍的兩個案例

接下來，我將介紹藉由「10X」機制為基礎工作方式，不僅從事了自己想做的工作並獲得十倍成果，同時也增加了自由時間的案例。

首先是我自己的案例。我參與了一家醫療領域相關公司「Finggal Link」的經營管理工作，在那裡實現了業務營收十倍以上的成果。

案例一 毫米波雷達業務

第一個案例是「毫米波雷達」（millimeter-wave radar）業務。雖然涉及了一些專業領域，不過，這是一個從醫療設備開發到銷售業務，成功實現了十倍營收的案例。

① 設定「十倍目標」

Finggal Link這間公司主要從事醫療設備的開發業務。然而，由於這塊市場已趨於成熟且面臨對手的競爭，既有的開發業務在過去七年裡，年營收的成長率一直無法超過一〇％。該怎麼做才能大幅成長，儼然成為公司的重要課題。

因此，我們決定不再延續以往的開發路線，而是跳脫醫療設備的框架，以「10X」機制為基礎，思考有潛力將營業額提高十倍的新事業。

在專精技術的開發部門裡，眾人集思廣益：**「想要達到十倍目標，可以運用哪些技術？」**最終決定著手開發「毫米波雷達」。

所謂的「毫米波」是指波長在一～一〇毫米之間、頻率範圍為三〇～三〇〇GHz

的電磁波，這項表現優異的動態檢測技術，目前已經廣泛被應用於汽車的安全設備等領域。

我們決定全力投入「毫米波雷達」事業，並在整個開發部門內設定實現十倍營收的目標。

②專注於「喜歡」、「擅長」、「有益於他人」、「可產生收益」這四項條件

在設定好「十倍目標」之後，接著就要決定參與「毫米波雷達」業務的團隊成員。我們首先找出專案計畫的負責人，然後針對技術、銷售、行銷、會計、客戶支援等各項職務，分別從公司內部挑選出符合「喜歡」、「擅長」、「有益於他人」、「可產生收益」這四項條件的團隊成員。

③比起「怎麼做」更重視「與誰合作」

在開發「毫米波雷達」時，我們向外尋找了具備專業知識和相關經驗的開發人員。這是因為要求原有的開發部成員開發「毫米波雷達」應該有困難。基於比起「怎麼做」更重視「與誰合作」的原則，於是我們從公司外部聘請具備開發「毫米波雷達」獨特能力的專業人士。

④ 建立團隊並將其「系統化」

為了實現共同目標，我們以團隊的形式齊心協力推動事業發展。由這個團隊所開發的「毫米波雷達」，可以二十四小時測量室內監測對象的心跳次數、呼吸次數和睡眠品質等數據。

由於開發出這項「毫米波雷達」設備，使我們的銷售對象擴大到了個人、醫療機構、護理設施和保全公司等等。

在個人使用方面，不僅適用於擔心自身健康的人，也可以用於遠方家人的健康管理。此外，在醫院等醫療場所，適用於住院病患的健康管理；在照護機構，適用於入住者的健康管理；在托育機構，適用於監控孩子們的活動等等。如果保全公司導入這項設備，在保全服務的選項中，還能為用戶提供健康管理這個附加價值。

隨著銷售對象擴大，我們也增加了團隊成員，在醫療設備以外的領域，加強「毫米波雷達」的推廣銷售。

在發佈「毫米波雷達」上市的新聞稿之後，我們收到許多客戶的詢問。隨著「毫米波雷達」的銷售和導入有所進展，我們必須開發新的事業，包括與多家製造商設備連動、3D應用程式的開發等等。為此，我們另外聘請了具備相關獨特能力的專業人士，讓這項設備的開發業務更上一層樓，並進化成能對社會有所貢獻的系統。

就整體結果而言，比起開發「毫米波雷達」之前，我們成功地實現了超過十倍的營業額。

案例二　基因檢測業務

第二個案例是讓「基因檢測業務」的營業額實現十倍成長的案例。

①設定「十倍目標」

身為一家登記有案的醫事檢驗機構，Finggal Link公司也從事與不孕症（反覆性流產或死產等）相關的血液檢測業務。雖然這項業務處於相當穩定的狀態，不過，也和前述案例一樣，我們並沒有局限於以往的業務模式，而是以「10X」機制為基礎，思考如何實現十倍以上的營業額。在這種情況下，**「想要達到十倍目標，有哪些成功案例值得學習？」**這個問題也給了我啟發。

②專注於「喜歡」、「擅長」、「有益於他人」、「可產生收益」這四項條件

基於上述問題，我運用自己在資訊收集方面的獨特能力，針對日本的檢測市場進行了研究調查，發現「基因檢測」領域正在成長。所謂的「基因檢測」，是指針對個體的特定基因或染色體，確認是否發生變異的檢查。基因檢測可用以確認遺傳性疾病的發病、父母對子女的遺傳狀態，或者排除特定遺傳性疾病的可能性。

③ 比起「怎麼做」更重視「與誰合作」

我定期都會前往美國和歐洲參加檢測學會，也了解到歐美國家「基因檢測」的技術和設備正不斷發展，隨著需求的增加，相關業務也隨之成長。

基於這樣的背景，我們決定在Finggal Link的檢測業務中也推出「基因檢測」服務。話雖如此，要從零開始推動這項「基因檢測」業務並不是一件容易的事。因此，我們決定與美國在「基因檢測」領域擁有頂尖成就的Invitae Corporation（英維特）攜手合作。

英維特在全球一百多個國家提供「基因檢測」服務，是一家規模遠超過Finggal Link的企業。我們之所以能與英維特展開合作，是因為Finggal Link具備醫事檢驗機構的資格，並擁有一群具備相關獨特能力的員工，能夠為這些業務提供支援。

在日本，英維特提供的「基因檢測」是臨床研究的一環，但過去，客戶必須直接個別委託英維特，並將檢體寄送至海外。現在，透過Finggal Line這間醫事檢驗機構，不管是自費支付或部分由保險支付的診療，在日本的客戶都可以輕鬆委託英維特進行「基因檢測」。

④建立團隊並將其「系統化」

決定與英維特合作之後，Finggal Link正式啟動「基因檢測」業務，並招聘具備專業背景的員工加入團隊。

檢測部門的銷售人員也參與這項業務，我們組成了一個團隊，大家扮演好各自的角色並發揮自身的獨特能力。結果，在日本國內有許多醫療機構決定導入服務，這項業務在一年內成功達到十倍的營業額。

達成「十倍目標」的共同點

除了上述案例外，還有其他以「10X」機制實現「十倍目標」的案例，不過在這裡僅列舉出具有代表性的兩個案例。**從上述兩個案例亦可歸納出四個共同點，分**

別是①設定「十倍目標」、②與業務有關的每一位成員都專注於「喜歡」、「擅長」、「有益於他人」、「可產生收益」這四項條件、③比起「怎麼做」更重視「與誰一起做」、④建立團隊並將其「系統化」。

在設定「十倍目標」時，我們不再延續過往的路線，而是基於「10X」機制提出以下問題，包括：「可以運用哪些技術？」、「可以展開哪些合作？」、「可以借鑑哪些成功案例？」這些問題亦成為突破現狀的契機。

我自己也以專案計畫負責人或團隊成員的身分參與了這些業務；將科技應用於工作中也是我的獨特能力。

我經常收集創新科技的資訊，並親自參加國內外的學術會議與展覽，尋找可以合作的夥伴。透過持續不斷的行動，我找到了有可能實現「十倍目標」的合作夥伴。

成功實現「十倍目標」，可謂是參與公司業務項目的每一位成員，為了同樣的遠大目標，懷抱熱情投入自己「喜歡」、「擅長」、「有益於他人」、「可產生收益」的

工作後，齊心協力所取得的甜美成果。

然而，並不是所有的事情都一帆風順，我們也曾經歷過雖然面對挑戰卻未能成功的挫折。例如：儘管團隊全力投入能創造這世上獨一無二價值的新事業，但協力廠商卻因資金不足、無法支付款項而倒閉，在後續處理時更面臨了不少困難。

然而，如果因為害怕失敗而不去挑戰，可能會錯失成功的機會。正如優衣庫創辦人柳井正先生在其著作《一勝九敗》中所言：「嘗試新事物十次，有九次會遭遇失敗。不過，正是累積每一次的成功造就了今天的優衣庫。」這番話我深感認同。

雖然挑戰得越多，失敗的次數也就越多，但勇於接受挑戰，成功的機率也才會大幅提高。

透過實踐「十倍目標」的四個步驟，可以提高實現豐碩成果的成功機率，這已是不爭的事實。我之所以這麼說，原因是：為了接近「十倍目標」而努力，會使人的思路變得非常簡單而明確，所以更容易採取行動。

如果我沿用既有方式參與這些業務，我想自己可能就會固守著既有業務和過往的做法，哪怕只是為了一點點成長，便拉長工時並且增加工作量，甚至還要求團隊成員比照辦理。

維持前述工作方式，或許也能實現超過一〇%的成長，但卻不可能創造出十倍成果，而且參與這項業務的成員，想必也會疲憊不堪吧？

而根據「10X」機制來實行達成「十倍目標」的四個步驟，無需延長工作時間或增加工作量，就能創造十倍成果。

實現「十倍目標」的個人案例

即使規模較小，也能實現「十倍目標」

上面已介紹了實現「十倍目標」的案例，但那兩個案例都是在特定領域且涉及百人以上規模的企業。接下來，我將介紹規模較小但同樣實現了「十倍目標」的案例。

我除了參與以上兩家醫療領域相關公司的經營管理之外，同時也擔任High Performance株式會社的負責人，這是一家專注於提升工作生產力的教練指導公司。

在成立這間公司之前，我是以個人名義為公司員工及經營者提供一對一教練指導服務的。然而，隨著教練指導需求的增加，我自己變得越來越忙碌。

10x

基於「培養一萬名活躍全球的高績效人才」這個願景，雖然那些曾經接受過教練指導服務的客戶回饋很讓我感到欣慰，例如：「工作效率有所提升，也取得不錯的成果。」、「能夠抽出更多時間陪伴家人了。」但我認為如果繼續按照現有方式進行教練指導，我自己的時間將會變得非常緊迫，這樣反而是本末倒置。

因此，這個時候我一樣在「10X」機制的基礎上，思考了不仰賴長時間工作，並能創造十倍成果的方法。

①設定「十倍目標」

當時，我所設定的「十倍目標」是「讓客戶數量增加十倍」。作為開始的第一步，在設定「十倍目標」時，我也考量過：「想要達到『十倍目標』，我會面臨哪些問題？」

但是，後來我意識到，如果只靠自己維持一對一的教練指導服務，不可能讓客戶數量增加十倍。雖然我也嘗試過小組形式的一對多教練指導方式，但忙碌的情況依然沒有改變，根本無法創造出十倍成果。

② 專注於「喜歡」、「擅長」、「有益於他人」、「可產生收益」這四項條件

接下來，我詢問自己一個問題：「想要達成『十倍目標』，可以從哪些成功案例中學習？」在調查成功案例時，我得知在美國，即使不由教練直接指導客戶，仍可以透過傳授教練方法並授予認證，使學習者成為具備資格的教練，為客戶提供教練指導服務。

於是我決定靈活運用這個機制，從曾經接受過教練指導課程的客戶當中，邀請對於提升工作生產力的教練指導工作感興趣的人，加入我的團隊，並由他們代替我進行教練指導工作。由於這些人認為「教練指導」是自己「喜歡」、「擅長」、「有益於他人」且「可產生收益」的工作，因此欣然接受了我的邀請。

透過這樣的方式，即使我不再親自進行一對一教練指導，也能夠為更多人提供這項服務。

③比起「怎麼做」更重視「與誰合作」

在採用這個機制之前，我一直執著於：「如何獨自完成工作？」但是，當我將思維轉變為重視「與誰合作」勝過自己「怎麼做」之後，藉由讓團隊成員提供教練指導服務，不僅為更多人進行了教練指導課程，也讓我擁有更多可自由安排的時間。

與付款和會計相關的部分，我外包給專業公司處理；至於客戶開發，則委由具備相關獨特能力的行銷公司處理。

④建立團隊並將其「系統化」

在「建立團隊並將其系統化」這個步驟中，我設立了公司，將原本由個人進行的教練指導改成公司執行業務。為了讓其他成員能代替我進行教練指導，我製作了教練指導課程的工作手冊，確保接手這項工作的教練能夠根據手冊，完整重現教練指導課程的原貌。

此外，我也開設了培養專業教練的培訓課程。參加該課程的學員在通過公司的認證後，即可提供教練指導服務。當獲得認證的教練提供相關課程時，公司會依照合約內容支付報酬，並導入定期會議的機制，確認進度和改善事項。

因此，儘管申請教練指導課程和專業教練培訓課程的人數增加，但我已建構起一套機制，來避免自己因為教練課程、付款和開發客戶等工作而過於忙碌。比起獨自一人從事教練指導工作，現在的我能為更多客戶提供教練指導和培訓課程，在實現十倍成果的同時，還增加了能自由支配的時間。

就像這樣，**即便是個人也可以實行達成「十倍目標」的四個步驟，利用長時間工作以外的方法，在取得十倍成果的同時，創造出屬於自己的自由時間。**

運用科技實現「十倍目標」

接下來，再介紹一個規模不大，但也成功實現了「十倍目標」的案例，這是一個靈活運用科技來達成十倍目標的案例。

我在YouTube開設了一個名為《修社長》（しゅう社長）的頻道，並且提供有關教練指導和提升工作效率的影片。這也是有助於創造十倍工作成果的活動之一。

在開始運用YouTube之前，我曾為了開發客戶定期舉辦研討會，但研討會的事前準備和管理事宜需要投入大量時間和精力。舉辦研討會，雖然能增加營業額，但也會讓我忙得不可開交，因此令我陷入進退兩難的困境。

① 設定「十倍目標」

於是，我設定了「讓報名人數增加十倍」的目標——不是透過增加研討會場次，而是思考：「除了長時間工作之外，可以運用哪些科技來達成『十倍目標』？」經過考慮，我決定在YouTube上傳具有高效價值的影片。

舉辦研討會時，我和團隊成員必須投入事前準備和管理事宜；但利用YouTube頻道，只要上傳一次影片，有興趣的觀眾便可以隨時觀看。

2 專注於「喜歡」、「擅長」、「有益於他人」、「可產生收益」這四項條件

我的獨特能力是「將我認為有價值的事物傳達給他人」，因此我可以懷著熱情，致力於影片的拍攝工作。

3 比起「怎麼做」更重視「與誰合作」

雖然我曾多次嘗試剪輯影片，但這件事我既不「喜歡」也不「擅長」。考量到相較於「怎麼做」，更重要的是「與誰合作」，我決定將剪輯影片的工作外包給具備這方面獨特能力的影片創作者。

4 建立團隊並將其「系統化」

在「建立團隊和系統化」方面，我在完成影片錄製後，將影片提供給了外包廠商，設定剪輯完成的日程表，並制定了定期持續上傳影片的週期。

此外，該負責影片剪輯的人員也具備資訊收集和研究分析的獨特能力，每個月都

會提出影片改善報告，並根據報告改善影片內容。另外，負責集客的行銷公司也為我們建立了方便招攬客戶的連結路徑，如果觀看YouTube影片的觀眾對我們的課程感興趣，立即就可以報名教練指導課程或教練培訓課程。

在尚未利用YouTube頻道之前，我每個月都要花費大約四十小時進行研討會的事前準備和管理事宜，但能服務的學員人數相對有限；現在，我們的影片每個月在YouTube上的觀看時數已經超過八百小時，相當於提供課程的時間增加了二十倍以上，大幅提升了公司的曝光度。

因此，與舉辦實體研討會時期相比，報名人數增加了十倍以上。

舉辦研討會時，我和團隊成員都必須在現場，但利用YouTube頻道，只需上傳影片，觀眾就能自行觀看。

截至二〇二五年一月為止，這個YouTube頻道的訂閱人數已經超過八千人。儘管我不是擁有數萬粉絲的網紅，但我的影片在YouTube上的觀看時數，每個月都超過八百小時，同時也吸引了「想要學習教練指導」、「希望成為專業教練」、「想要進一步提高工作生產效率」的人，來報名參加我們的教練指導課程或教練培訓課程。

我們每個月舉辦研討會的時數不可能超過八百小時，但藉由運用YouTube等科技和平台，我得以運用長時間工作以外的方法，將工作生產力提升至十倍以上。

私人生活也實現「達成工作目標之同時，五點前回家」

誠如前述，在學習「10X」機制之前，我的生活是每天從清晨忙到深夜，平日幾乎沒有時間陪伴妻子和孩子們，甚至週末也常常被工作填滿。

這種將人生奉獻給工作的生活發生改變的契機在於——我按照「10X」機制的四個步驟，首先將「ABC模型」中的A類和B類工作，交給那些既「喜歡」又「擅長」的人處理；自己則全力投入可以發揮自身獨特能力的C類工作。這個方式所帶來的結果就是：大幅減少了每天的工作量。

此外，當整個團隊都投入可發揮獨特能力的工作時，情況也發生了戲劇性的變化——不僅大家的工作時間減少，工作成果也顯著提升。因此，便可以實現平日下午五點前下班回家、週末與家人悠閒地共度家庭時光的生活。

我之前一直很嚮往能在平日與家人共進晚餐，如今能夠實現這樣的生活方式，覺得非常開心。雖然根據工作情況，我有時還是會晚歸，或是週末也要工作，但不可否認的是，「10X」機制已徹底改變了我的生活型態，讓我能與生命中重要的人共度美好時光。

在接下來的章節中，我將談到將「10X」機制內化為習慣的重點，就像以「10X」機制工作幫助我改變了生活型態一樣，我由衷希望拿起這本書的你也能獲得十倍豐盛的人生。

現在是過去的延伸，但未來不必然延續過去的軌跡

如果希望獲得與以往不同的結果，必須採取不同以往的行動

「重複做相同的事情卻期待有不同的結果，這叫做瘋狂。」

很多人認為這是愛因斯坦的名言（雖然也有人認為並非如此）。這句話說得很貼切。人類有「重複過去思維模式和行為模式」的傾向，因此聽到這句話時，不禁讓人感到震驚。

正如本書在說明「10Ｘ」機制的思考方式時也曾提到的，如果想要獲得與以往不同的成果，就必須改變過去的思維與行動。

10x

・第一步：設定「十倍目標」。
・第二步：專注於「喜歡」、「擅長」、「有益於他人」、「可產生收益」這四項條件。
・第三步：比起「怎麼做」更重視「與誰合作」。
・第四步：建立團隊並將其「系統化」。

這些步驟對你來說，是不是有別於過去的思維和行動呢？

一旦將「10X」機制的行動化為習慣，就能創造出與過去不同的成果。

接下來，我將提供如何實踐「10X」機制，進而養成習慣的建議。

只要有明確「自我形象」，想要前進的方向就會浮現

現在的我每到週末就會與家人在湘南的海岸散步或衝浪，享受悠閒時光。

我們搬到鎌倉之後經常去海邊，無論去多少次都不覺得膩，每次看到大海總讓我心曠神怡。

我們在海邊散步時，孩子們抓到好幾隻螃蟹，我一邊心想「竟然抓得到螃蟹耶」，一邊覺得能在一個有機會親近大自然的環境中養育孩子，真的很幸福。

其實過去我也曾依稀嚮往著能在靠近大海的地方，蓋一棟自己的房子居住。

這份心中的憧憬之所以能夠化為現實，也是因為「10X」機制。因為我描繪出了心目中理想的生活型態，並且有明確的方向。

當然在這個過程中，做了「在海邊建造房子」這個決定之後，有要為此目標採取的行動，但從構想到付諸實行，只花了很短的時間。

所謂的「自我形象」（self image）是指「你如何看待自己」。回想起來，我之所以能實現心目中理想的生活型態（居住在靠近海邊的地方），我認為也是因為自己有明確的「自我形象」。

不論從過去回顧現在，或從未來回溯到現在來進行自我分析，都是為了讓「自我形象」更加明確。

・至今為止，自己走過什麼樣的人生道路？

・自己將來想要成為怎麼樣的人？

透過深入思考這些問題，可以更清楚地了解自身的現狀。然後，今後想要前進的道路也會逐漸浮現出來。

在描繪心目中理想的生活型態時，我有一個很重要的理念——

「現在」是「過去」的延伸，但「未來」是「現在」的延伸，而非延續過去軌跡。

很多人傾向於認為「過去」與「未來」連接在一起。

然而，真正相連的是「過去」與「現在」。

過往人生經歷的結果造就出「現在」的自己，這是無庸置疑的。

然而，**「未來」並不是「過去」的延伸**。和「未來」相連的也是「現在」。因為連接「現在」與「未來」的「自我形象」，可以由現在的自己來改變。

為了實現渴望的「未來」，首先最重要的，就是如何看待此時此刻的自己。

如果你的「自我形象」偏低，很可能無法充分發揮自己的獨特能力。如此一來，在前方等待你的，將是一成不變的現實。

另一方面，如果「自我形象」較高，就能最大限度地發揮自己的獨特能力。那麼在前方等待你的，將會是理想中的自己以及你所期望的結果。

當你改變對自己的看法，人生的風景也會呈現出完全不同的色彩。透過「自我形象」，讓人生朝著自己期望的方向前進吧！

現代人陷入慢性「時間不足」的問題

「時間陷阱」是造成時間不足的原因

生活在現代社會的我們，總面臨「時間不夠用」的壓力。為了使「現在」更加充實，這種壓力也成為了一種阻礙。

「忙到無法做自己想做的事。要是能有更多時間就好了。」

「每天都被時間追著跑！」

10x

如此忙碌的結果就是，人們不僅承受了巨大的壓力、無法保持身心健康，甚至無法與重要的人建立良好關係。我自己也曾經歷過類似的困境；在現代社會中，許多人都正深陷如此情況。

以「時間不夠用」為主題的相關研究和報告可謂數不勝數。而且實際上，也有許多人因為「時間不夠用」而深感困擾。

雖然數以百萬、千萬計的人試圖解決這個「時間不足」的問題，但身處在科技日新月異的現代社會中，「時間不足」儼然已成為我們共同面臨的未解難題。我將現代人所面臨的這種情況視為「時間陷阱」，接下來就從三個主要因素加以說明。

時間陷阱一：科技不斷進化，現代人一整天都處於「保持連線」的狀態

科技的進步，造就了智慧型手機、平板電腦、社群媒體、雲端服務等科技產物的普及，不僅擴大了我們的能力範圍，也提高了生活便利性。

不論生活還是工作型態，先進的科技都在諸多方面帶來了改變。於是，無論我們身在何處，二十四小時都呈現著「保持連線」的狀態。對許多人來說，這種現象被視為積極正向的改變，為了增加「保持連線」狀態的環境，社會也投入了大量的資金與資源。

然而另一方面，隨時處於「保持連線」的狀態也有其負面影響。由於這類科技不斷進步，我們常常不得不處理他人突如其來的請託。

許多人由於二十四小時「保持連線」狀態，工作和私人生活之間的界限漸漸消失，雖然提升了工作效率，但也被大量的要求和通知壓得喘不過氣來。

時間陷阱二：面對著龐大的資訊量

我們生活在所謂的「資訊時代」之中。有位專家曾說：「在大城市工作的普通上班族每天接收到的資訊量，相當於十八世紀的人在一生中所接收的資訊量。」

得益於新科技的應用，我們可以用更簡便、更低廉的成本，在各個領域創造、記錄和傳遞資訊。隨著網路不斷發展，全球數十億用戶之間互動交流的資訊量，據說每十八個月就會增加一倍。

許多人就像沉浸在浩瀚的資訊海洋中一樣。每天都在不知真偽的資訊浪潮中載浮載沉。為了從如此龐大的資訊中篩選出對自己有用的內容，投入了大量的注意力、精力和時間。

每天被大量資訊淹沒的現象已成為現代社會的重大問題。其結果就是在面對龐大的資訊時，不知如何取捨、選擇的資訊成癮者越來越多。

時間陷阱三：被迫在有限的時間內做出很多選擇

隨著接收的資訊量不斷增加，我們也面對到越來越多的選擇。

「請選擇我（或本公司）的商品。」

「不，請選擇我的商品！」

「不，我的商品更加新穎！」

「我的商品可以更快完成！」

「我的商品更便宜！」

提供商品和服務的銷售者，日復一日不斷地努力擴大知名度，試圖吸引潛在目標客戶的注意力。

在生活的各個領域中，要求人們做出選擇的機會越來越多。如果可支配的時間有所增加，或許還不會造成太大的問題，但我們在一天當中可以用來選擇的時間畢竟是有限的。

正因為現代社會存在這種「時間陷阱」，所以才更需要強調在減少工作時間的同時，也要專注於「當下」，進而創造出十倍成果，這種「10X」機制的時間運用法是頗具成效的。

實際上，我在策略教練公司遇到的那些創造十倍成果的人，都會避免自己陷入「時間陷阱」。他們在擺脫時間與成果的比例關係、根據「10X」機制創造十倍成果的同時，還能擁有自由的時間。

獲得「十倍豐富人生」的「時間運用法」

以「10X」機制為基礎的「時間運用法」

以「10X」機制為基礎的「時間運用法」，可以由自己的意志決定，並實現以下三件事：

1 **在工作和個人生活兩方面同時獲得充實感。**

2 **發揮自己的獨特能力，獲得最好的生產效率、成就、貢獻和滿足感。**

3 **能夠將自己的獨特能力轉換成經濟價值。**

10x

透過實踐以「10X」機制為基礎的「時間運用法」，能夠幫助你避免陷入「時間陷阱」。

提高工作效率並創造自由時間的三種時間安排

「10X」機制的「時間運用法」是由「專注日」、「準備日」和「自由日」這三種不同類型的日子所構成：

- **專注日：從事對自己來說最重要，而且能夠發揮出自身獨特能力的活動，特別是可產生收益的活動。在專注日時，要聚焦於「喜歡」、「擅長」、「有益於他人」和「可產生收益」的活動。**
- **準備日：處理業務運作所需之例行事務的日子，包括文書工作、制定計畫、指派和交接工作，以及與工作相關的培訓和教育活動。**

・自由日：使身心恢復活力的日子。完全放下工作，與家人、朋友、社區居民，或是有相同興趣的社團成員共度時光，進行休閒、娛樂或慈善活動等等。與工作無關的電子郵件、訊息、電話和思考事項都可以安排在這一天處理。

我在策略教練公司裡學習到要將一年三百六十五天分成這三種日子，並以「專注日」一百三十五天、「準備日」八十天、「自由日」一百五十天的比例為基準。不過，在付諸實行並教導周圍的人、請他們實踐之後，我發現有些人似乎很難原封不動地按照這個方式執行，因此，我做了以下調整。

第一點是我覺得在「自由日」時，要做到完全放下工作並不容易。

當我剛嘗試將「自由日」納入自己的行程表時，雖然已下定決心當天絕對不碰工作，但一開始卻完全行不通。

因為在「自由日」時，我總是忍不住擔心工作的事，一旦打開工作郵件或聊天工具，我便不斷回覆郵件與訊息，根本停不下來。等回過神來，一天的時間已經過了一大半，這種情況屢見不鮮。

與工作日比起來，休假日的時間相較寬裕，所以我已經很習慣利用這段時間處理進度落後的工作，或是利用完整的時間來製作資料。

此外，在休假日收到工作相關委託時，雖然我已盡量等到休假結束後再聯絡、使用可通知他人「我目前休假中」的ＩＴ工具，或是建立休假期間由其他人代為處理的機制，但有時還是會遇到緊急工作，不得不親自處理。

雖說如此，但把休假日也拿來工作，由於無法好好切換工作與休息模式，不僅身心疲勞得不到緩解，也會變得無法發揮創意，甚至容易在工作上變得被動——這些都是不爭的事實。

因此，針對「自由日」不工作這一點，我建議不要一開始就想追求做到百分之百完美，而是先以達到八〇％為目標（即八〇％法則）。

第二點，「自由日」的天數是以一年一百五十天為基準，約占全年的四〇％，但我覺得要讓「自由日」達到這個天數，標準似乎有點偏高。

尤其在日本，如果將週末休假日和法定假日相加起來，一年的休假日約為一百二十天左右，相當於一整年有三〇％的日子是休假日。由於尚未加上夏季休假和年末年初的假期，所以休假日的天數還會稍微增加一些，但距離一百五十天的「自由日」這個目標，我覺得仍有一定的距離。

實踐本書所介紹的「10X」機制「時間運用法」，將可以增加「自由日」的天數，這同時也適用「八〇％法則」，所以即使一開始做得不夠完美也沒有關係。

第三點，來策略教練公司上課的學員當中，有些人的「自由日」能夠連續兩週或三週，但在日本，一開始就能做到這一點的人寥寥無幾。我認為就算「自由日」不是連續休假，只要取得足以消除疲勞並重新煥發活力的休假頻率即可（話雖如此，如果能夠實踐「10X」機制並善於將工作委託給他人處理，也有可能實現連續兩週或三週的「自由日」）。

另外，也有人覺得以一星期為單位來設定「專注日」、「準備日」和「自由日」的方式更適合自己。

舉例來說，可將一星期中的星期二、星期三、星期四這三天設定為「專注日」，星期一和星期五為「準備日」，週六和週日則是「自由日」。雖然與策略教練公司建議的比例略有不同，但我認為對於某些人來說，這種方式比較容易實踐。

無論如何，**重要的是，要有意識地保持這三種日子之間的平衡**。

在「專注日」做最重要的工作

想要達到「最佳成果」，該怎麼做才好？

在工作日當中，「專注日」就是用來達成「最佳成果」的日子。那麼，如何才能達成「最佳成果」呢？

首先，就基於「10X」機制的「專注日」而言，其概念是充分運用自身獨特能力，在有限時間內處理最重要工作，進而達到最高效的生產力。

尤其站在能帶來營業額和利潤的觀點來看，在「專注日」期間應該要處理最重要的工作。

10x

如果你的工作是直接面對客戶的銷售業務，那麼「專注日」的工作範圍就包括與客戶見面進行銷售、銷售前的問答或資訊提供，以及建立客戶關係等等。若以「帶來營業額和利潤」的意義而言，充分運用獨特能力支援公司的銷售人員、投放廣告、製作網站等工作可能也包含在內吧！

此外，想要充分運用「專注日」並創造十倍成果，讓成員充分發揮獨特能力的團隊合作是不可或缺的要件。在「專注日」期間，團隊成員要能各司其職，並齊心協力達成在專案計畫「影響篩選表」中所設定的成功標準。

如果團隊成員在「專注日」的時候，全力投入各自擁有獨特能力的工作，就可能發揮最佳生產力，並以展望中長期的觀點持續成長，不斷創造更大的成果。這是因為，「十倍目標」正是由那些發揮最佳生產力的時間，持續累積而成的結果。

就像這樣，只要能在「專注日」充分發揮自己的獨特能力並全力投入工作，不僅能感受到使命感與幸福感，還能在工作中持續成長，進而創造出亮眼成績。

在「專注日」與「前二十名俱樂部」的關鍵人物一起工作

「專注日」期間，不僅要充分運用獨特能力，也要意識到「與誰合作」並付諸實行。在這個時候，策略教練公司課程中所傳授的「前二十名俱樂部」概念就能派上用場。「前二十名俱樂部」是來自於「公司組織中有八〇%以上營業額都與二十位關鍵人物密切相關」這個概念。

根據公司過去的實績、經驗以及今後發展的重點方向，可以從客戶中選出二十位關鍵人物並製作名單，這份名單就是「前二十名俱樂部」。這二十位關鍵人物將為你的公司帶來巨大價值，並成為在策略上需要重視並投注心力的客戶和合作夥伴。

完成「前二十名俱樂部」的名單後，接著要決定該由哪個團隊成員負責哪位關鍵人物，以及在什麼時間點要採取什麼行動。在「專注日」期間，團隊成員要與「前二十名俱樂部」的關鍵人物見面，建立人際關係，並從事有助於銷售的工作。這些關鍵人物就是能幫助你公司達成目標的「重要角色」。

「準備日」的活動要有助於提高生產力與自由時間的品質

10x

「準備日」是改變時間運用方式的關鍵

在「專注日」、「準備日」和「自由日」這三種類型當中，「準備日」由於名稱的關係，最容易遭到忽視，但實際上，它是「改變有效運用時間的方法」中最重要的一個。

妥善運用「準備日」的時間將成為你將來實現成功的基石。反言之，缺乏「準備日」奠定的基石，想要在擁有自由時間的同時創造十倍成果是一件很困難的事。

所謂「準備日」，是指處理業務運作所需、屬於例行事務的日子，例如：文書工作、制定計畫、指派和交接工作，以及與工作相關的培訓和教育活動等等，以下是在「準備日」常見的工作內容：

- **處理日常文書工作和雜務，以維持業務順利運作。**
- **制定時間表、整理資訊。**
- **與公司內外部的相關人員溝通交流。**
- **招聘新員工、入職培訓。**
- **分配工作、交接工作。**
- **學習新技能。**
- **制定業務策略和計畫。**

為客戶所做的工作，往往會被認定為「專注日」的工作內容，但並不一定如此。在

「專注日」期間要善用自身獨特能力從事最重要的工作，特別是具有盈利性質的活動。而那些需要發揮獨特能力，但客戶不會付費的工作，則屬於「準備日」的範疇。

客戶知道工作價值並願意支付費用的工作屬於「專注日」；不支付費用的工作屬於「準備日」——這樣思考，應該比較容易區分吧？

如何度過「準備日」並提升生產力和自由時間的品質

「準備日」的運用方式可分為三個階段。**第一階段：處理例行性工作，以維持業務運作順暢。**經常處理的工作內容包括回覆電子郵件、訊息；撥打和接聽電話，以及確認和批准公司內部文件等等。在第一階段，要逐項完成這些例行性工作和雜務。

如果再進一步細分這些維持業務順暢的例行性工作和雜務，大致可分為六類。第一類是日常文書工作；第二類是辦公空間等環境方面的整理；第三類是財務相關事務；第四類是健康相關事務；第五類是法律相關事務；第六類是與人際相關的事務。雖然這些事務的重要性因人而異，但它們的共同點在於——如果對這些例行性工作置之不理，可能會影響你的專注力和精力，甚至可能引發新的問題。

為了最大限度地發揮你的獨特能力，「準備日」就是用來處理這些文書工作和雜務的日子，策略教練公司將這類活動稱為**「清理」**（Clean Up）。

然而，如果在「準備日」只做業務運作所需的基本例行性工作，現況不會有任何改變。因此，在完成日常的文書工作和雜務之後，接下來就是——

第二階段：將時間用於委派工作和交接工作。

委派工作的方法，請按照第三章的「ＡＢＣ模型」，以及聚焦於獨特能力的工作分配方式進行。在你目前的工作當中，一定存在一些不符合自身獨特能力的工作。

此外，對於在「準備日」進行的「處理日常文書工作和雜務、整理資訊」等工作，我建議委派給能在這些工作中發揮獨特能力的助理。為了在「專注日」全心投入最重要的活動，請將無法發揮自身獨特能力的工作委派並交接給他人。

順帶一提，我將「招聘新人」和「入職培訓」等活動也歸納在「準備日」的範疇。如果在你的公司內有員工具備這方面的獨特能力，那麼他們可以在自己的「專注日」執行這項工作。

第三階段：從事培養新能力的活動。

想要讓業務有所成長，必須不斷培養新的能力。包括學習新知識和技能、建立新的合作關係或策略聯盟，以及運用新的科技等等。

然而，一旦出現緊急工作，這類培養新能力的活動往往會被延後，因此確保「準備日」時間，也有助於培養新的能力。

如上所述，「準備日」的工作範疇可分為三個階段，包括第一階段清理文書和雜務工作、第二階段委派和交接工作，以及第三階段培養新能力。隨著各個階段的進展，花費在前一個階段的時間也會逐漸減少。

如此節省下來的時間就可以分配給「專注日」或「自由日」。想要將時間分配給哪種類型的日子，完全取決於你。

如果你想要在工作中加強發揮獨特能力，請增加「專注日」；如果希望擁有更多自由時間，請增加「自由日」。

設定「準備日」也能讓行程管理有調整的空間。

假如你的每個工作日都排滿了工作，將所有的工作日當成「專注日」來使用，那麼一旦突然出現緊急事務，你可能就不得不要拒絕這些工作，否則就得勉強自己在「自由日」工作，或是為了緊急工作而犧牲睡眠時間。設置「準備日」，有助於因應這類突發情況。

除此之外，「準備日」還有其他功能。在「準備日」清理那些可能干擾你專注力

「準備日」的三個階段

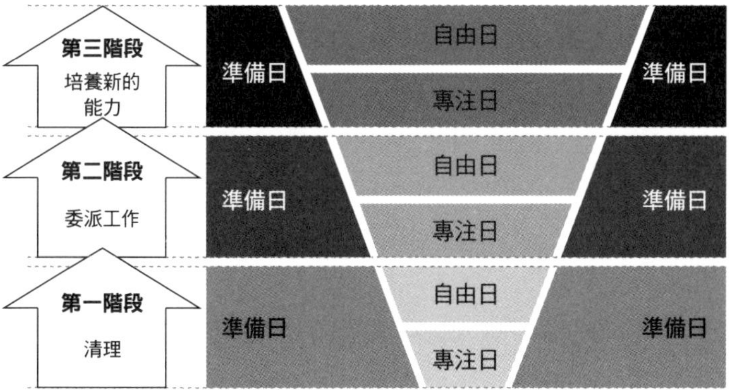

的雜務，可以讓你在「專注日」充分發揮獨特能力，全心全意投入工作。

即使臨時接到緊急工作，也能利用「準備日」進行調整。此外，如果將自己的工作委派並交接給他人，到了「自由日」就無須擔心工作，可以心無旁騖地放鬆，恢復身心活力。

擁有並善用「準備日」，不僅能在「專注日」提高工作效率，也能提升「自由日」的品質，享受充實而豐富的時光。

「自由日」不碰工作，提升創造力、煥發身心活力

不是因為疲憊才休假，而是在感到疲憊前就要休息

如果你的人生只剩下一年，你會想要花更多時間在工作上嗎？

據說幾乎沒有人會在生命的盡頭後悔「要是多做點工作就好了」。相反地，許多人都覺得「如果不要只顧著工作，而是多做些自己想做的事該有多好」、「如果能多花點時間陪伴重要的人就好了」。

而且聽說很多人會在生命接近尾聲時回顧自己的人生，思考生命的品質。

10x

「我是否活出了自己真正想要的人生？」、「還是過著只剩下工作的人生？」

從「是否活出了自己真正想要的人生？」這個觀點來看，在三種類型的日子當中，「自由日」可謂是最重要的一個。

「持續工作、逐漸累積疲勞，然後把休假視為辛勤工作的獎勵」，想必有許多人安排休假的方式都是基於上述想法吧？

然而「10X」機制的休假方式，是預先就安排好休假時間的。如果能利用這段時間讓身心充分休息並恢復活力，你就能在休假結束後，以更具創造力和生產力的狀態全心投入工作。透過定期安排「自由日」，能讓自己在身體、精神和情感層面保持良好的工作狀態。

一旦持續地工作到出現疲憊感，創造力和能量都會逐漸下降，假使長時間持續這種狀態，甚至會惡化成以被動心態面對工作。所以在這種情況出現之前，要提前安排好下一個「自由日」的時間。

在「自由日」期間完全遠離工作，讓身心得到充分休息並恢復活力，不僅能提升創造力和能量，還能以不同於過往的方式處理工作，甚至投入伴隨著風險、頗具挑戰性的工作之中。

「自由日」之功能與安排建議

首先，要預先設定「自由日」，再將其餘的日子分配為「專注日」和「準備日」——藉由這個方式，你會意識到自己可用於工作的時間其實很有限。**正因為知道時間有限，才會啟動有效率且高效運用時間的意識。**如此一來，你便會在「專注日」裡從事最重要的工作，致力於創造收益；並在「準備日」投入提高「專注日」生產力的相關活動。

不過，「自由日」的功能還不止於此。**當你休假時，團隊成員也會成長。**因為在你度過「自由日」的期間，團隊成員無法獲得你的協助，所以他們需要自行思考，並在你不在場的情況下做出判斷。

雖然團隊成員可能偶爾會犯錯，但他們可以從這些經驗中學習。透過這種方式，團隊成員在面對工作時會更有責任感。進一步來說，這也將提升整個團隊的能力。

話雖如此，但請不要到了你要休假時，才突然讓團隊成員接手工作，而是應該參考「10X」的「工作分配方式」，在「準備日」期間逐步將工作委派給他們。

就結果而言，團隊成員將能在不依賴你的情況下獨立處理工作，即使你不在公司內，業務也能順利運行。如此一來，你也就可以在「自由日」安心地度過假期了。

雖然先前提到「自由日」是完全不處理工作，讓身心充分休息和恢復活力的日子，但根據我的經驗，一開始很難做到在「自由日」完全放下工作。

我總是會不自覺地掛念工作、查看郵件，有時看到了覺得應該盡早回覆的郵件，甚至會連休假日也拿來處理工作。

但是，完全不工作，讓身心休息並恢復活力，這種度過休假日的方式反而能提升生產效率。當我能熟練切換工作和私人生活的開關之後，深切地體會到了這件事。

尤其是對認真的人來說，要從一開始就做到完全不碰工作可能很困難，但還請有意識地增加休息時間，讓自己能夠逐漸切換成休息模式。

至於如何度過「自由日」，我建議的方式是——做自己真正想做的事情，除了工作以外。

以我為例，我會利用「自由日」和家人或朋友們去旅行、烤肉、露營、健行或衝浪等等。不管是旅行或與平時不常見面的人相聚，大家一起參與活動，不僅能獲得新點子、專業知識或靈感，也能交換意見，這對我來說都是很好的刺激，我覺得也有提高創造力的效果。此外，我也會選擇閱讀、看電影或參觀美術館來度過休假日。

為了讓身心煥發活力，我會在「自由日」的傍晚去健身房運動，包括重量訓練、伸展運動或游泳，然後再進蒸氣室——這已經成為我的例行活動。

我想每個人想做的事都不一樣，請選擇能讓自己打從心底感到滿足的活動吧！

反過來說，我不建議大家把「自由日」的時間花在無法讓自己感到心滿意足的活動上。例如：漫無目的地瀏覽社群媒體、不得不處理堆積如山的家務，或是完成他人託付的事情等等。若以上述方式度過一整天，這樣的「自由日」並不能讓身心充分休息和恢復活力。

我認為我們不是「為了工作而生活」，而是「為了生活而工作」。如果我一直過著以工作為優先的生活，到了生命的盡頭一定會後悔，心想「不該只顧著工作，要是多做一些自己想做的事該有多好」、「如果多花點時間陪伴重要的人就好了」。

充實地度過「自由日」可以讓我們發現人生中除了工作之外的其他面向，並對各種事物心懷感激。

我由衷希望在日復一日當中，每個人度過時間的方式都能讓自己在臨近生命的盡頭時，滿懷欣慰地說出：「這真是最棒的人生！」

將「能夠創造良好節奏的行動」全部納入例行工作中

若想獲得十倍成果，別再拚命工作

身為一名經營者，至今我觀察過許多公司，而我認為**「越是過於忙碌的公司，越無法成長」**。

聽到這種說法，你可能會想：「公司之所以過於忙碌不就是因為有大量的工作，員工為了完成這些工作而努力，公司也會因此有所成長，不是嗎？」但我可以很明確告訴各位，其實並非如此。

這裡所說的「過於忙碌的公司」，是指那些只顧著埋頭完成眼前工作的公司。特

10x

別是那些公司的高層或領導者，雖然拚命努力，卻只是卯起來完成眼前的工作而已，這類公司在達到某個程度後就會止步不前、無法繼續成長。

過於忙碌的公司會逐漸衰退，最後走向倒閉。**這是因為公司高層和領導者的重要職責並非忙於處理眼前的工作，而是俯瞰全局、制定公司策略，確保公司在中長期階段持續成長。**

過於忙碌的公司表面上看似賺錢，但實際上勞動的成本效益卻很低。透過長時間工作來取得成果的方式，或許會有短暫的效果，但卻很難達到中長期持續成長，更不可能達成十倍成果。

這是因為，過於忙碌的狀態，將導致無法產出有助於成長的創意思維和解決方案，也沒有時間學習，最重要的是身心無法休息，公司裡的員工都會疲憊不堪，也難以進步和成長。

那麼，該怎麼做才好呢？解決之道就是致力於本書所介紹的「實現『十倍目標』

的四個步驟」，設定「專注日」、「準備日」與「自由日」三種類型的日子，使工作和生活達到良好的平衡狀態。

不過，我並非全盤否定工作忙碌這件事。例如：刻意增加「專注日」的天數，讓自己度過充實的工作時光，我認為這樣做並沒有問題。

但是，我認為光是應付眼前工作就已經竭盡全力，這種過度忙碌的狀態並不是一件好事。**因為在毫無餘裕的情況下，人無法產生有創意的想法。**

為了避免陷入過於忙碌的狀態，要藉由定期安排「準備日」，利用這段期間將工作委派給他人或進行交接，進而創造出屬於自己的時間。

而這些多出來的時間，看是要分配給「專注日」，用來處理最重要的工作；或者分配給「自由日」，利用時間來好好休息，使身心煥發活力，或陪伴生命中重要的人，以提高「專注日」的創造力和生產力皆可。總之，你可以由自己安排，妥善利用這些時間。

透過「一頁式生產力」表格規劃行動的優先順序

只要均衡地安排「專注日」、「準備日」和「自由日」，就能為整個人生創造良好節奏。特別是每天都過著忙碌生活的人，更應該要利用「自由日」讓身心好好休息並恢復活力；在「準備日」期間，自行調配以提高「專注日」的工作效率，或者增加「自由日」的時間。

為了讓兼顧工作與休息的節奏形成習慣，有一項工具可以用來規劃一天行動的優先順序，並創造良好的節奏。這項工具就是被策略教練公司稱為**「一頁式生產力」**（one page productivity）的表格。它將「當天需要處理的專案計畫」、「與他人的聯絡事項」和「最優先事項」這三項內容整理在一張A4紙上。

這裡提到的「優先順序」是依據時間管理矩陣中的分類排列優先順序，依序為：「緊急且重要」（第一象限）、「不緊急但重要」（第二象限）、「緊急但不重要」（第三象限）。

至於「不緊急也不重要」（第四象限）的事項，可以放到最後再處理，或者索性不處理。

第二象限和第三象限到底優先處理哪個比較好，可能會讓人感到困惑，但如果選擇先處理第二象限的工作，將有助於提升生產力。因為如果優先處理重要事項，讓它在事情變得緊急之前就得到解決，隨著時間的推移，最終將不會再出現緊急工作，進而讓人能將時間和精力都集中在重要程度較高的行動上。

當你同時進行好幾個專案計畫，這種一心多用的情況相當於多工處理，由於會影響工作效率，所以請盡可能將同時進行的專案數量控制在三個以內。

據說採用「一頁式生產力」這項工具，每週的生產效率可提升三〇％。就我個人的實際感受而言，提升幅度甚至超過三〇％。僅僅在一張紙上列出優先順序，這麼簡單的一個步驟就能讓一天的整體質感達到驚人的提升效果。

「一頁式生產力」可以透過以下三個步驟輕鬆完成，請務必藉著這個機會，養成使用習慣。

- **步驟一：早上開始工作之前準備好紙和筆，在「一頁式生產力」的「專案計畫」欄位中，列出目前正在處理的三個專案計畫，以及每個專案計畫中需要執行的五項行動。即使無法完整列出五項也無妨，但要挑選出優先程度較高的行動。雖然這裡寫的是「專案計畫」，但其實也可以應用在資格考試、升學考試的準備，或是減肥計畫等個人目標上。**
- **步驟二：在「與他人的聯絡事項」欄位中，寫出「為了完成這項工作需要聯絡的人」，以及「為了完成這項工作尚待聯絡的人」。**
- **步驟三：在「最優先事項」欄位中，填寫上「今天無論如何都必須要完成的重要事項」。**

一頁式生產力的填寫範例

專案計畫		
專案計畫一	專案計畫二	專案計畫三
新事業的啟動	學術研討會的舉辦	新書的出版
為了推動這項專案需要執行的五件事	為了推動這項專案需要執行的五件事	為了推動這項專案需要執行的五件事
1 製作影響篩選表 2 選定團隊成員並確定職務 3 與團隊成員開會 4 5	1 邀請演講者 2 向學會秘書處提交所需文件 3 製作研討會的傳單 4 5	1 寫作 2 與編輯開會 3 4 5

與他人的聯絡事項			
需聯絡的人	今天無論如何必須聯絡的人員名單	等待聯絡的人	等待對方聯絡以推動專案的人員名單
A B C		D E	

最優先事項
今天無論如何都必須完成的重要事項 (專案一) • 製作影響篩選表 • 調整與團隊成員開會的時間 (專案二) • 製作並寄送邀請函給演講者 • 向學會秘書處申請研討會所需的看板、場地設備等等 • 與設計師討論傳單製作事宜 (專案三) • 撰寫新書第三章第二節的主要項目

填寫的重點在於寫出實際可行的事項，或即使有些勉強也要在當天完成的事項，確定工作的優先順序（不一定要書寫在紙上，將範本存在電腦或手機中，直接輸入內容也無妨）。

這樣一來，不僅能好好執行一天中優先程度較高的事情，還能決定「不用做的事情」。等到運用熟練之後，完成這張表格大約只需要五分鐘。

讓「10 X」機制成為習慣，擁有「充實而豐富的生活型態」

養成「10 X」習慣的一天，就從填寫「一頁式生產力」表格，確定當日事項的優先順序開始。

早上起床後的大約三小時內，是大腦工作效率最好的黃金時間。我們的大腦會在睡眠中整理前一天的記憶，因此早晨時段的思緒處於相對清晰的狀態。

由於這段時間比較容易發揮思考力和專注力，同時也處在適合儲存新記憶或發揮創造力的狀態，所以不妨就從填寫「一頁式生產力」表格，確定工作的優先順序開始著手吧！

在填寫「一頁式生產力」表格成為習慣之前，誠如前述，我都是從回覆收件匣裡的電子郵件和聊天訊息開始一天工作的。這種被動的行為往往會讓我們從優先程度較低的事項開始，以至於無法完成當天真正應該處理的重要事項，結果就這樣虛度了一整天。

不過，我現在每天早上都會填寫「一頁式生產力」表格，不只是「專注日」和「準備日」，就連在「自由日」從事工作以外的活動時，也會利用「一頁式生產力」表格明確地規劃優先順序。

此外，**絕對不能犧牲「睡眠時間」**。

在設定「自由日」的時候，請一開始就先確保每天的睡眠時間。根據各種研究結果顯示，適當的睡眠時間以六～八小時為基準。

在睡眠方面，「如何擁有良好的睡眠品質」至關重要，由於每一個人的體質和生活習慣各不相同，因此不妨以能夠自然入睡，且白天不會感到昏昏欲睡的時間長度為基準吧！

在實行「10X」機制的時間運用法之前，我會為了有足夠的工作時間而犧牲睡眠，結果白天容易覺得昏昏欲睡，導致思考力和專注力下降，甚至經常有身體不適的情況。

自從確保了充足的睡眠時間後，我的工作表現明顯提升許多，也不像以前那樣容易生病，每天都能精力充沛地朝向理想中的未來前進。

所謂的培養「10X」習慣，是指均衡地安排「專注日」、「準備日」和「自由日」，確保擁有適當的睡眠時間，並善用「一頁式生產力」表格度過充實的每一天。

換句話說，當你能夠以「10X」為基礎，妥善地運用時間，最終就能獲得「充實而豐富的生活型態」。

擁有平衡願景，實現「豐富美好的人生」

如果想要讓人生更充實，必須擁有平衡的願景

「我想要讓自己的人生更加充實。」

這是不分年齡和性別，許多人隱藏在內心深處的想法，不是嗎？即使在旁人的眼中看起來幸福，但對當事人來說，很可能也正面臨著某些問題。可以明確地說出「我的人生非常充實」的人，可能比想像中還要少。

到底該怎麼做才能讓人生更加充實呢？

10x

這個答案因人而異。原因在於一個人的生命中包含了許多重要因素，例如：有意義的工作、與家人或戀人等生命中重要角色之間的關係、健康的身體、自由的時間等等，這些因素的重要程度，在不同人眼中皆會因為價值觀的不同而有所差異。

正因為如此，**在確定自己的願景之後，了解目前想要重視的要素，並朝著自己期望的方向採取行動，將有助於使人生更加充實，並實現「豐富而美好的人生」**。

當我參加「十倍雄心課程」時，有一項作業是釐清人生中重要十項要素並確立願景。這十項要素分別是**「健康」**、**「人際關係」**、**「金錢」**、**「自由時間」**、**「能力」**、**「聲譽」**、**「客戶」**、**「團隊合作」**、**「貢獻」**、**「自我成長」**。

許多人往往只專注在其中一兩項，這種心態也阻礙了對其他要素的關注。

這十項要素會相互影響。舉例來說，「健康」和「自我成長」息息相關。因為健康的身體是學習和成長的必要條件。反之，一旦身體狀況不佳或生病，學習和成長的意願也會受到影響。此外，「健康」也有助於提升「能力」。

「金錢」會影響許多要素。如果有充裕的資金，可以將資金用來投資「自我成長」所需的教育和設備，並使「自由時間」更為充實；「金錢」也會影響「人際關係」，穩定的經濟能力可為家人和朋友之間的關係帶來安心感。

「聲譽」在事業和人際關係中尤為重要。良好的聲譽可以吸引「客戶」，並帶來事業上的成功；此外，「聲譽」也會影響「團隊合作」，因為良好的聲譽有助於強化合作關係。

「貢獻」則是藉由支援他人建立起良好的「人際關係」，促進「自我成長」，進而提升在事業方面的「能力」；而且「貢獻」對於「客戶」和「聲譽」也都會產生正面影響。

「自我成長」與所有要素都有關聯。追求「自我成長」不僅可改善其他要素，也有助於建立更加豐富美好的人生。

由此可見，**這十項要素是相互連動的關係，維持平衡就是邁向成功和幸福的關**

鍵。在聚焦於個別要素的同時，維持整體的和諧也很重要。

運用「收穫心態」擴大生命之輪，獲得「豐富美好的人生」

確定十項因素的願景、掌握現況，努力提高各項要素的滿意度，這與「生命之輪」的概念存在著共通之處。「生命之輪」是在教練指導中常用的工具之一，可以用來分析自己的現況。在「生命之輪」中，要素的數量從十項縮減為八項，先針對每項要素進行自我評分，以滿分十分的方式，將分數標記於圖表上，再以線條連接起來。

「生命之輪」的八項要素分別為「健康」、「人際關係」、「金錢」、「自由時間」、「自我成長」、「環境」、「工作」和「家庭」。

這些要素與前述的十項要素有許多重疊之處。不管是十項要素也好、八項要素也罷，重點皆在——不能只專注於某些要素，而是要均衡地提升所有要素的滿意度。

舉例來說，過去的我對於「聲譽」和「能力」這類與工作相關的要素投入過大

生命之輪

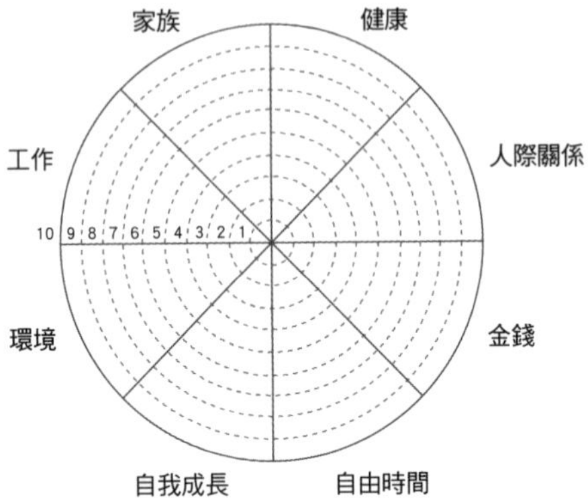

量精力，卻沒有足夠的時間陪伴家人，導致「家庭」這項要素的滿意度偏低。

此外，由於沒有「自由時間」、犧牲睡眠，而且缺乏運動，所以不僅「健康」的分數很差，也沒有多餘的精力可分配給「人際關係」。

後來，我不再只專注於「10X」課程中十項要素的一部分，而是在確定所有要素的願景並了解自身現況後，努力實現每項要素的願景。

我運用「10X」機制的思維，落實達成「十倍目標」的四個步驟，並提升了十項要素的整體滿意度。

就結果而言，我更加清楚自己在人生中想要珍惜的事物，並且在各方面達到了平衡，對於自己的生活感到由衷的滿足。

實際上，使用這個工具進行評分時，你會發現在每項要素之中，都有分數較高的部分，當然也有分數較低的部分。完成評分之後，不妨思考為了讓生命之輪更平衡、更圓滿，還需要補強哪些部分。如此一來，想要讓分數較低的要素有所提升的想法，便會成為促使你採取行動的契機，透過這些努力，人生將變得更加充實。

「10X」機制中也包含「落差心態和收穫心態」（GAP & GAIN）的思維。GAP意指「差距」，GAIN則是「收穫、成長」，這種思維不是要評價自己理想願景與現況之間的「差距」，而是**著眼於自己從起點到現在的「成長」**。

換句話說，理想願景與現況之間的差距是GAP，而自己從起點到現在的成長程度就是GAIN。**從大腦的運作機制來看，思考「差距」會使人失去自信，但思**

考「收穫、成長」則能提升幸福感和信心。

當你在實踐本書所介紹的九十天回顧時，不妨也意識到這個思維並付諸實行吧！只是，回顧的時候，請不要比較理想願景與現況的差距。雖然想像在理想願景中未來的自己，有助於提高工作動力，但若是拿現在的自己與理想願景相比較，難免會覺得理想願景就像在地平線彼端一樣遙不可及，無論再怎麼努力都無法接近。

不是要和理想相比，請拿九十天前的自己和現在的自己相比較。與起點時的狀態相比之後，你一定會發現經過這段時間的挑戰和經驗，自己比想像中成長了許多，同時也能從中獲得自信。

擁有願景，並涵蓋了「10X」的十項要素，或「生命之輪」的八項要素，均衡地提升每項要素的滿意度。最終便得以如願獲得「豐富美好的人生」。

後記

坦白說，我對於出版這本書的內容曾感到擔憂恐懼。

因為身為經營者的我，平日下午五點就準時下班、週末完全不工作——我擔心這種生活型態可能會遭到批評。

更進一步來說，如果以前的我在一個平日五點下班，週末不工作的經營者手下工作，恐怕也會認為：「身為經營者，應該要更加努力工作才對吧！」

很多人都以為「經營者應該比公司裡的任何人都更加努力工作！」長期以來，我自己也以為這是常識。

為什麼會有這種想法呢？這是因為我從小被灌輸的價值觀就是「想要獲得更美好

的人生，必須付出比別人更多的努力」、「即使是不喜歡或不擅長的事情，也應該努力克服」。

因此，我比別人更努力工作，甚至主動承擔那些自己不喜歡和不擅長的工作。但是，缺乏充分休息、犧牲睡眠時間、凡事以工作為主的生活持續了一段時間後，我陷入憂鬱情緒，開始感到焦躁不安。

不僅心理健康出現問題，由於總是忙於工作，育兒和家務的負擔都落在身為職業婦女的妻子身上，導致與家人的關係也變得冷淡。明明是懷著讓家人過得幸福的心情才努力工作的，結果卻背離初衷、本末倒置。

這世界上陷入類似情況的經營者比比皆是。而且，在這些經營者的領導之下，長時間工作的員工也大有人在。至今社會上仍然存在「加班的人很了不起」這種根深柢固的價值觀和同儕壓力；因為周圍同事都在加班，以至於無法準時下班，只好留下來加班的人也很多。

上述情況就像是我過往的寫照，在這種大環境下，我們所認為的常識就是「工作時間越長，成果越好」。

但後來，我開始認真探索如何實現在創造工作成果的同時，也能珍惜與家人相處時光的生活型態。經過不斷探索，最終找到了效果最好、具備高度再現性的機制，那就是本書介紹的「10X」。

這個機制不僅改變了我的生活型態，也讓與我一起工作的團隊成員們改變了原來的生活型態。實際上，我周圍的人都實現了能珍惜與家人相處時光的生活型態，與此同時，也在自己想做的工作中發揮所長，並與團隊齊心協力創造豐碩的成果。

即使說「10X」的工作方式改變了我的人生也不為過。

根據這些經驗，我以經營者和創業家為對象，為忙碌的他們提供「可創造十倍成果並增加自由時間的課程」。結果，許多人的生活因此發生了翻天覆地的變化——

- **僅僅一年的時間，年營收就從一千萬日圓飆升到一億日圓。**
- **開始能夠將自己的工作交給他人處理，資產增加了十倍。**

・瀕臨倒閉的農場事業出現V型反轉，對自己的潛力也更有信心了。
・所有員工朝著相同的方向前進，公司內部產生了凝聚力。
・營業額持續上升，並成功啟動了新的事業。

儘管「10X」或許顛覆了過去的常識，但由上述實例可見，這是一種可應用於任何職業類型或情況，同時具備高度再現性的方法。

正因為如此，我更希望能讓長時間工作卻苦無成果、因為沒有私人時間而感到苦惱的人知道這個方法，而此想法所催生出的，就是這本書。我期盼能有更多人了解這個機制，並讓它成為改變人生的契機，於是最終還是決定將這些內容整理成冊、鼓起勇氣出版了這本書。

最後，我要感謝理解我的想法，並協助本書出版的日本實業出版社總編川上聰，以及給予指導的高橋朋宏老師和平城好誠編輯總監。此外，我也由衷感謝丹・蘇利文，是他傳授給我「10X」這個工作方法，讓我和家人的生活出現了改變的契機。

對於像過去的我一樣，竭盡全力長時間工作卻未見成果，無法擁有私人時間、終日忙忙碌碌的人，我真心希望你們能夠掌握這個方法，進而實現豐富而美好的人生。

於鎌倉家中書房　名鄉根修

参考書目

『自動的に夢がかなっていくブレイン・プログラミング』アラン・ピーズ、バーバラ・ピーズ著／市中芳江 訳／サンマーク出版
『天才！成功する人々の法則』マルコム・グラッドウェル 著／勝間和代 訳／講談社
『The 10x Mind Expander』Dan Sullivan ／Author Academy Elite
『コンフォートゾーンの作り方』苫米地英人／フォレスト出版
『Wanting What You Want』Dan Sullivan ／Author Academy Elite
『The 25-Year Framework』Dan Sullivan ／Author Academy Elite
『The 4 C's Formula』Dan Sullivan ／Author Academy Elite
『なぜ売れるのか──「売れない時代」のヒットの秘密』伊吹卓／すばる舎

『ワーク・スマート　チームとテクノロジーが「できる」を増やす』岩村水樹／中央公論新社
『マインドセット「やればできる！」の研究』キャロル・ドゥエック 著／今西康子 訳／草思社
『The ABC Model Breakthrough』Dan Sullivan ／ Author Academy Elite
『ＷＨＯ ＮＯＴ ＨＯＷ 「どうやるか」ではなく「誰とやるか」』ダン・サリヴァン、ベンジャミン・ハーディー 著／森由美子 訳／ディスカヴァー・トゥエンティワン
『これだけ！ＳＭＡＲＴ』倉持淳子／すばる舎
『働き方の哲学３６０度の視点で仕事を考える』村山昇／ディスカヴァー・トゥエンティワン
『一勝九敗』柳井正／新潮社
『１４４０分の使い方——成功者たちの時間管理15の秘訣』ケビン・クルーズ著／木村千里 訳／パンローリング株式会社
『The Gap and The Gain: The High Achievers' Guide to Happiness, Confidence, and Success』Dan Sullivan ／ Benjamin Hardy

國家圖書館出版品預行編目(CIP)資料

10X：工時減半，效果乘十！/ 名鄉根修著；駱香雅譯. -- 初版. -- 新北市：方舟文化，遠足文化事業股份有限公司，2025.03

面；　公分. --（職場方舟；32）

譯自：10x：同じ時間で10倍の成果を出す仕組み
ISBN 978-626-7596-55-5（平裝）

494.35　　114000447

職場方舟0032

10X

工時減半，效果乘十！

テンエックス

10 x：同じ時間で10倍の成果を出す仕組み

作　　者　名鄉根 修
譯　　者　駱香雅
封面設計　張天薪
內文設計　薛美惠
資深主編　林雋昀
行　　銷　林舜婷
行銷經理　許文薰
總 編 輯　林淑雯

方舟文化官方網站　方舟文化讀者回函

出版者　方舟文化／遠足文化事業股份有限公司
發　行　遠足文化事業股份有限公司（讀書共和國出版集團）
231新北市新店區民權路108-2號9樓
電話：（02）2218-1417　傳真：（02）8667-1851
劃撥帳號：19504465　戶名：遠足文化事業股份有限公司
客服專線：0800-221-029　E-MAIL：service@bookrep.com.tw
網站　www.bookrep.com.tw
印製　呈靖彩藝有限公司
法律顧問　華洋法律事務所　蘇文生律師
定價　400元
初版一刷　2025年03月
ISBN　978-626-7596-55-5 書號 0ACA0032
